LE NOBILIAIRE DES EAUX-DE-VIE ET LIQUEURS DE FRANCE

MAURICE DES OMBIAUX

LE NOBILIAIRE DES EAUX-DE-VIE ET LIQUEURS DE FRANCE

EXEMPLAIRE de la
Bibliothèque Nationale
Paris.

LE NOBILIAIRE DES EAUX-DE-VIE ET LIQUEURS DE FRANCE

MAURICE DES OMBIAUX

Editeur J. MAWET
Au Pont d'Ile, 36, Liége

J. DORBON-AINÉ
B[d] Haussmann, 19, Paris

ANS un fabliau célèbre du XIIIe siècle, intitulé la « Bataille des Vins », tous les crus renommés, tant du sol de France que des autres pays privilégiés où les coteaux se couronnent de pampres, comme de jeunes bacchantes, pour donner aux hommes le merveilleux jus de la treille, arrivent à la table du grand roi Philippe-Auguste afin de savoir lesquels d'entre eux sont dignes d'obtenir à la cour leurs entrées et d'abreuver le gosier royal.

Parmi tous ceux que le poète présente, il est parlé avantageusement des vins d'Aunis alors fort répandus dans le monde occidental et appréciés par tous les gourmets.

Qu'étaient-ce donc que ces vins d'Aunis si réputés en ce temps-là ?

Aunis est un petit pays autour de la Rochelle, réuni à la couronne de France en 1371, qui ne pouvait fournir assez de vins pour ce que l'on vendait sous son nom.

Ces vins venaient, non seulement de l'Aunis, mais surtout de la Charente voisine, de ces contrées qui produisent aujourd'hui les eaux-de-vie connues sous le nom de Cognac. On leur donnait le nom du pays où ils étaient embarqués et l'on s'en contentait, car on n'était pas très difficile en ce temps-là sur les appellations d'origine.

L'appellation d'Aunis n'était cependant pas exclusive. On connaissait tout autant certains crus des Charentes sous la dénomination de vins de Saintonge, ancienne province que Charles V avait réunie à la couronne de France en 1372.

Jehan Froissart, dans ses Chroniques, ne nous raconte-t-il pas qu'en compagnie du gouverneur de la ville de Binche en Haynaut et des joyeux ménestrels qui passaient par là, il buvait, lorsqu'il était curé des Estinnes, village proche, de ces excellents vins de Saintonge et d'Alsace.

Les vins d'Aunis ou de Saintonge étaient fort réputés dans tout l'Occident, disons même la Chrétienté. On les estimait comme les premiers parmi les blancs. Leur vogue était considérable et ils auraient continué d'être fort recherchés, contrairement à certain préjugé qui ferait croire que le sol charentais est inapte à produire du bon vin si, il y a quelques siècles, un apothicaire n'avait eu l'idée de distiller le jus des treilles saintongeaises, soit pour les besoins de la médecine, soit pour ceux de la parfumerie. Comment cela se fit-il, l'histoire ne nous le dit pas, car l'événement en soi-même n'avait rien de sensationnel. Mais le résultat fut prodigieux.

Révélation providentielle ! Trouvaille sublime ! Trésor inespéré !

Jamais on n'avait goûté eau-de-vie si fine et si distinguée. Jamais pareille essence ne s'était révélée à l'humanité. Elle laissait bien loin derrière elle tout ce que les bouilleurs avaient jamais trouvé jusque là dans leurs alambics aux serpentins mystérieux comme des hiéroglyphes.

Et la Saintonge, l'Aunis, l'Angoumois et les pays circonvoisins de s'émerveiller du nectar nouveau dont la découverte était plus précieuse que celle d'un continent.

Le cognac fut vite connu partout où pénétraient les vins d'Aunis et de Saintonge; il avait, grâce à eux, une clientèle toute prête à être touchée et charmée. Cela ne manqua pas. Le vin d'Aunis avait été le saint Jean-Baptiste de ce nouveau Messie.

Les Provinces-Belgique, la Grande-Bretagne, les pays du Nord firent fête à cette essence merveilleuse. Elle leur apportait, en même temps que les somptueux aromes de la forêt, un puissant principe d'énergie, pour lutter contre les frimas et les brouillards.

C'est ainsi que très rapidement, pour ne pas dire aussitôt, l'eau-de-vie des Charentes l'emporta sur les spiritueux connus jusqu'alors, et par la finesse de son goût, et par la qualité de son alcool, et par son moelleux incomparable.

Et bientôt, elle assura une nouvelle hégémonie au sol français qui possédait déjà celle du vin, ayant hérité des civilisations grecques et romaines, comme elle filles charmantes du gracieux roi Dyonisos.

ES anciens pratiquaient l'art d'aromatiser les vins qu'ils servaient à la fin des grands repas. Le miel intervenait dans la mixture, non seulement pour apporter son parfum, mais vraisemblablement aussi pour augmenter, par une fermentation supplémentaire, la force alcoolique de la boisson. C'est ainsi que le Falerne, traité par le miel et les aromates et conservé longtemps, était considéré comme un breuvage capiteux qu'il fallait réserver aux hommes.

On a cru que la découverte de l'alccol était due aux Arabes, parce que le mot arabe « Al-Cohol » désigne une substance volatile, mystérieuse, impondérable, correspondant exactement à la définition de l'esprit-de-vin.

Mais on a retrouvé dans le temple de Memphis des bas-reliefs où l'on voit des instruments tout semblables à nos alambics, ce qui nous autorise à supposer que les Egyptiens connaissaient, bien des siècles avant les Arabes, les procédés de distillation usités aujourd'hui.

Oui, cet art est beaucoup plus ancien, comme l'a démontré Hoefer, le savant auteur de l' « Histoire de la Chimie ». Pline décrit, en effet, un procédé distillatoire fort curieux et qui montre combien l'esprit humain sait varier les moyens pour arriver au même but: « On allume du feu sous un pot qui contient de la résine, une vapeur s'élève dans la laine qu'on étend sur l'ouverture du pot où l'on fait cuire la résine. L'opération terminée, on exprime la laine ainsi imprégnée d'huile ». Ce procédé que Pline ne prétend pas avoir inventé et qui remonte, par conséquent, au-delà de 2000 ans, peut être rapproché de l'opération rapportée par cet Alexandre d'Aphrodise, signalé par Alexandre de Humboldt: « On rend l'eau de mer potable en la vaporisant dans des vases placés sur le feu et en recevant la vapeur condensée sur des couvercles ». Et le célèbre commentateur d'Aristote d'ajouter qu'on peut traiter de même le vin et d'autres liquides.

Géber qui, d'après Abulféda, vivait vers la fin du VIIIe siècle ou au commencement du IXe, s'exprime ainsi sur la distillation: « Il y a deux espèces de distillation; l'une s'opère à l'aide du feu, l'autre sans le feu. La première peut se faire de deux manières différentes, ou « per ascensum » des vapeurs dans l'alambic ou « per descendum », dans le but de séparer les huiles ou autres matières liquides, par les parties inférieures du vase. Quant à la distillation sans l'aide du feu, elle consiste à séparer les liquides limpides par le filtre; c'est une simple « filtration ». La distillation par le feu peut être variée dans son intensité, suivant qu'on chauffe le vase dans un bain d'eau ou sur un bain de cendres. »

Mais les bas-reliefs de Memphis assigneraient à la découverte de l'alcool et l'usage de l'alambic à serpentin une ancienneté bien plus grande encore.

U Moyen-Age, on employait le moût du raisin dans lequel on faisait macérer des plantes aromatiques et médicinales : l'absinthe, l'aloès, l'anis, l'hysope, le myrthe, le romarin, la sauge, la centaurée. Ces « vins herbés » partageaient avec l'hydromel et l'hypocras les honneurs du dessert dans les festins chantés par les poètes.

Les médecins, d'autre part, les prescrivaient à leurs malades, en raison des propriétés thérapeutiques attribuées aux plantes qui entraient dans leur composition.

Les épices et les aromates, apportés de l'Asie merveilleuse et fertile en charmes insidieux, étaient considérés comme des condiments de tout premier ordre pour rendre plus délectables les vins de dessert tant recherchés par les gourmets d'alors.

Ce seraient, à en croire certains auteurs, les Croisés qui nous auraient rapporté d'Orient le secret de l'eau-de-vie, que les Anciens, selon Berthelot, avaient trouvé en voyant verser des vins forts sur le feu qui dévorait les victimes consacrées aux dieux ; ils avaient remarqué que le vin, ainsi chauffé, produisait une sorte de buée qui brûlait bientôt d'une flamme bleuâtre.

Un compilateur du XVIe siècle, P. A. Mathioli, dans ses commentaires de Dioscoride, décrit les méthodes distillatoires suivies dans les premiers siècles de notre ère. Celles-ci avaient, sans doute, disparu dans la tourmente des invasions, car on ne les retrouve, en France, que vers le XIIIe siècle où l'Occident a donné sa mesure. C'est Arnaud de Villeneuve, célèbre alchimiste, né en 1240 qui, le premier, en parle dans ses ouvrages. « Le croirait-on, dit-il, on extrait du vin une eau de vin n'en ayant ni la couleur, ni la nature, ni les effets. On appelle cette eau de vin « eau-de-vie », et, certes, ceux qui en ont éprouvé l'efficacité trouvent le nom justifié, puisque certains modernes ont avancé que c'était une eau éternelle, une eau d'or, à cause de la sublimité de son action. Cette eau-de-vie ou eau de vin est une grande chose dont les effets sont inappréciables et déjà beaucoup de gens en ont reconnu les vertus. Elle guérit sur le champ les affections qui viennent d'une cause froide et humide, réconforte le cœur, consume les superfluités qui parcourent le corps, préserve de maux et entretient la jeunesse de ceux qui ont dépassé la maturité. Seule ou avec quelques drogues, elle est efficace contre la paralysie, la fièvre quarte, l'épilepsie, l'amaurose, le cancer, le calcul, l'hydropisie, les tranchées; elle mérite à bon droit le titre d'eau-de-vie, puisqu'elle raffermit les membres et prolonge l'existence. »

L'eau-de-vie aurait été découverte alors par son élève Raymond Lulle qui chercha la pierre philosophale et suscita parmi ses contemporains avides d'inconnu les plus grands espoirs. Raymond Lulle, qui était Espagnol, avait-il recueilli quelques bribes de la science de Maures, parmi lesquelles le secret de la distillation ?

Tout cela n'est évidemment que conjecture et nous nous garderons bien de le présenter sous un autre aspect; il n'y a ici aucun article de foi historique.

Le mérite d'Arnauld de Villeneuve serait, non d'avoir trouvé l'alcool, ce qui n'est pas, mais d'avoir été le premier à recommander l'esprit distillé du vin imprégné de certaines herbes comme remède précieux; car Thaddoeus de Florence, qui mourut en 1272 à l'âge de 80 ans, s'il insiste fortement sur les vertus de l'esprit-de-vin, ne l'avait pourtant jamais employé pour dissoudre les principes actifs des substances végétales.

(L'alcool s'appelle eau-de-vie vers les 52 degrés, esprit-de-vin vers 65, alcool rectifié ou absolu quand il ne contient plus qu'un dixième d'eau environ.)

L'ACQUISITION de l'alambic valait la dépense d'une croisade. Bénie soit celle grâce à laquelle l'Eau ardente, que les alchimistes purent tirer du jus de la treille, en cherchant ou non la pierre philosophale, nous fut révélé.

On comprend que l'instrument nouveau les ait tentés par sa forme bizarre, sa chaudière surmontée d'un très long tube en spirale arrivant à une boule où se condensent les vapeurs. Une opération magique s'y opère vraiment, bien plus intéressante pour l'humanité que la transmutation des métaux. En quoi l'humanité serait-elle plus avancée si l'on avait découvert le moyen de faire de l'or ? Cette recherche ne répondait qu'à des buts égoïstes, des désirs d'enrichissement personnel, des besoins de domination. C'était le croisé que le zèle religieux n'étouffait plus et qui ne voyait dans la croisade qu'un empire, un royaume ou un duché à conquérir, une dynastie à fonder, peu sujet à cette angoisse mystique qui avait étreint Pierre l'Ermite. Tandis que la découverte de l'essence de vie eut une répercussion universelle dont la vibration des ondes n'est pas près de s'éteindre.

C'est la rareté qui fait la valeur de l'or. La fabrication l'avilirait. Il est d'ailleurs détrôné aujourd'hui par un métal plus rare encore : le platine. Tandis que cette eau ardente que l'on extrait du vin, n'est-ce pas cela l'or véritable, l'or que rien ne peut détrôner, l'or qui ne peut devenir un vil métal, l'or spirituel ?

Les hommes d'Occident partirent en Palestine pour délivrer le tombeau de Notre Seigneur Jésus-Christ et arracher la Ville Sainte aux infidèles. Godefroid de Bouillon s'empara de Nicée, de Tarse, d'Antioche et enfin de Jérusalem, dont il fut proclamé roi; d'autres rapportèrent de cette grande aventure, l'esprit-de-vin, sang de Dieu, bien plus précieux que la Toison d'or de Jason.

La première conquête fut éphémère, la seconde nous fut acquise définitivement dès le XIIIe siècle. Les voies divines sont mystérieuses !

L'ALCOOL resta tout d'abord l'apanage des alchimistes et des guérisseurs. Loin de le combattre, la science le recommandait. On s'en servait pour la préparation de ces cordiaux, de ces vulnéraires, de ces baumes et de ces onguents usités sur les champs de bataille, après la mêlée, qui opéraient une vive réaction sur l'organisme des blessés en défaillance, comme ils aidaient puissamment à la cicatrisation des blessures, grâce aux qualités antiseptiques de l'esprit-de-vin.

Pour en rendre l'absorption plus agréable, on y ajouta des parfums divers tirés des plantes et des graines qui se trouvaient à portée et qui étaient préconisées par la thérapeutique d'alors comme des remèdes excellents à la plupart des maux dont les hommes sont affligés.

C'est ainsi qu'ils utilisèrent de bonne heure la graine d'anis à cause de sa bienfaisante influence sur les estomacs fatigués et sur les intestins délicats.

On y ajouta même des parcelles d'or, de cet or que l'on considérait comme un dictame puissant pour toutes les maladies, car « nature a doué l'or des vertus les plus admirables qu'elle eût dans son cabinet », dit Crolleus dans sa « Chimie ».

Voilà l'explication de l'eau-de-vie de Dantzig dans laquelle se meuvent des paillettes d'or qui lui donnent l'aspect d'une liqueur de féerie. C'est une survivance des croyances du Moyen-Age à l'égard du précieux métal qui a fait tant travailler les imaginations en quête du talisman infaillible et de la puissance universelle.

L'or et l'esprit-de-vin réunis, n'était-ce pas le suprême des possibilités humaines pour accéder dans le domaine du surnaturel ?

Afin de connaître les bienfaits que l'on attribuait alors à l'eau-de-vie, il nous suffit de consulter Liébaut qui écrivait au XIVe siècle. Il nous renseigne à ce sujet d'une façon suffisamment explicite : « Elle est bonne, dit-il, contre une infinité de maladies froides : gouttes des pieds et leurs douleurs, douleurs de flancs, destillation de cerveau, beuë deux fois le mois, aide beaucoup au mal de dents, gencives et langue, si on en lave la bouche (on voit que notre alcool de menthe d'aujourd'hui n'apprendrait rien aux apothicaires et dentistes du temps passé), faict bien à l'estomach qui est plein de pituité, appaise la colique si on en boit le poids d'un escu avec autant de thériaque et deux doigts de vin. »

Au Moyen-Age, on disait qu'elle rajeunissait les vieillards et prolongeait la vie.

Mêlée à des plantes, on en fit des remèdes, mêlée à des fleurs, on en fit des parfums. Dans les monastères, les religieux s'ingénièrent, avec la patience des vies encloses, à composer avec elle de merveilleux élixirs.

Depuis, les procédés n'ont pas subi des modifications essentielles; on les a perfectionnés, mais ils n'ont guère changé; la définition que donnait le grand chirurgien du XVIe siècle, Ambroise Paré, de l'alambic, reste toujours exacte quant à son principe: « Pour distiller toutes sortes d'eaux, deux vaisseaux sont principalement nécessaires qu'on nomme en un mot « alembré », l'un d'iceux est appelé proprement encurbite ou vaisseau contenant; l'autre est dit chapiteau ou chope, auquel sont amassées les vapeurs. »

Jadis la chaudière était chauffée à feu nu, au bain-Marie ou au bain de sable, quelquefois avec du fumier et même avec le soleil; aujourd'hui, on s'en tient au fourneau qui agit avec plus de rapidité, ce qui ne veut pas dire que les produits ainsi obtenus de la distillation soient supérieurs ; l'uniformité industrielle des moyens modernes ne donne pas toujours les résultats conquis par un certain pragmatisme expérimental quand il s'agit d'esprit, comme en l'occurrence; il est compréhensible que les procédés mécaniques, malgré toute leur perfection, ne parviennent pas à l'emporter sur l'intelligence traditionnelle, même lorsque celle-ci se contente d'instruments de fortune parce qu'elle n'en a pas d'autres à sa disposition.

On distille des eaux-de-vie de vin dans toutes les contrées où l'on cultive la vigne, mais les quatre principaux centres de production sont:

1° Les Charentes et les pays limitrophes dans le département des deux Sèvres et de la Dordogne.

2° L'Armagnac, dans le Gers, le Lot-et-Garonne et les Landes.

3° Le Midi, comprenant le Languedoc et la Provence.

4° L'Algérie.

L'hégémonie des eaux-de-vie de vin est détenue par les Charentes. Avec les grands vins de France, les fines champagnes sont le triomphe de la création. Tous montrent quel dieu, quel esprit puissant est enclos dans la grappe qui se dore ou s'empourpre au soleil et se couvre d'une buée légère dans l'aiguail du matin.

Contrairement à ce que croient beaucoup de gens qui ne prennent pas la peine de s'informer, cette appellation de fine champagne n'a aucun rapport avec la Champagne dont Rheims est la capitale.

La « Grande Champagne » charentaise se situe autour de Jarnac et de Segonzac, entre le fleuve la Charente et la rivière le Ré, au sud de Cognac. C'est Château-Bernard, Gensac, Manixe, Genté, Angéac, Juillac, Saint-Preuil, Bonneuil, Gimeux, formant une sorte de cellule centrale autour de laquelle se développent d'autres zones. La qualité de l'eau-de-vie va en décroissant selon que l'on s'éloigne du centre.

La « Petite Champagne » ceinture ce noyau central, s'étendant de Châteauneuf jusqu'à Barbezieux: c'est Jonzac, Saint-Jème, Archiac, Saint-Ciers, Pons, Saint-Seurin, Pérignac, Vignolles, Malaville, Châteauneuf, Gondeville.

Au nord de la Grande Champagne se placent les « Borderies » avec Lauzac, Saint-André, Richemont, Saint-Laurent, Javezac, Saint-Sulpice.

Les « Bois », enfin, entourent ces trois régions et

se divisent en fins Bois, bons Bois, Bois ordinaires et Bois communs. Les fins Bois enclosent Angoulême, Blanzac, Saint-Jean d'Angely, Saintes, Mirambeau et Pons. Les bons Bois ont Gémozac pour chef-lieu; les Bois ordinaires, Tonnay-Charente; les Bois communs comprennent les territoires de Surgères, La Rochelle, Rochefort.

La qualité des alcools est en proportion du calcaire que contient la terre charentaise. Cette qualité va en décroissant suivant l'ordre que nous venons d'indiquer, selon que diminue la dose de chaux dans le sol où la vigne plonge ses racines et insinue ses radicelles.

Un fin cépage: la « Folle blanche », qui produit des vins acides, est le générateur de la « Fine » et des « Bois ». Mais, c'est le calcaire qui leur donne le degré de finesse, ô merveilleuse sensibilité du sol et de la treille !

Ces eaux-de-vie ont un bouquet, une saveur, un moelleux que le temps raffine jusqu'à une perfection extrêmement précieuse.

La science, faut-il le dire, est sans prise sur elles. On a essayé d'activer artificiellement leur maturation. Mais le résultat n'est pas le même; comme les grands vins, elles doivent vieillir lentement, aucun moyen physique ni chimique ne remplace les jours, les mois, les années, les lustres. Le temps est un grand maître !

Ce n'est qu'au bout de vingt à vingt-cinq ans qu'elles arrivent à leur épanouissement et que la divine « Folle blanche » fait vibrer d'un archet magique les cordes tendues de notre sensibilité gustative.

Celles de la Grande Champagne ont une infinie distinction.

Celles de la Petite Champagne, exquises aussi, sont moins raffinées.

Les Borderies, pour chanter en mineur, n'en sont pas moins d'une délicatesse pleine de charme.

Et les Bois ont encore un goût qui les font paraître comme des grands seigneurs dans la cour élégante et précieuse des spiritueux.

Les îles de Ré et d'Oléron, que l'Océan a détachées de la Saintonge et de l'Aunis, peut-être aux temps lointains où l'Atlantide disparut dans les flots, continuent à se relier au continent par l'eau-de-vie. Elles en produisent dont la saveur est toute spéciale à cause du varech que les habitants vont chercher dans la mer pour engraisser leurs terres. Mais ce goût particulier de « Sar » ne se recommande guère au gourmet et n'intéresse que les fervents du régionalisme. On en tâtera volontiers sur place par curiosité, mais on ne songera guère à s'en approvisionner. Toutefois, par un soir de tempête, en lisant les vers farouches de Tristan Corbière, cette âpre saveur, dont le varech a nuancé l'alcool, me donne une impression formidable des forces élémentaires qui se bousculent sur l'Océan sans limites. Je comprends que cette eau-de-vie de Sar aiguise certaines nostalgies et déchaîne dans certaines sensibilités d'angoissants tumultes, comme chez ce jeune poète qui pâlissait au nom de Vancouver, dont a parlé ce charmant Marcel Thiry, qui lui ressemble comme un frère.

Mais, c'est un ordre d'idées et de sensations qu'il nous faut réserver pour lorsque nous parlerons des registres que possède l'orgue prodigieux de la délectation humaine, car il faut observer un certain ordre, même dans la fantaisie.

Si les eaux-de-vie des Bois sont moins appréciées que celles de la Grande Champagne, de la Petite Champagne et des Borderies, elles possèdent l'avantage appréciable de se faire plus vite. Elles ont moins de fondu, sont plus sèches et, partant, légèrement râpeuses; en approchant de l'Océan, elles adoptent un accent de terroir qui s'atténue et finit même par disparaître avec les années.

Pour certains amateurs, l'Armagnac s'égale à l'eau-de-vie des Charentes et s'il est moins apprécié de par le monde, c'est qu'il n'a pas pris la peine de se faire connaître ou qu'il n'a pas eu la chance de profiter, comme l'autre, de la réputation occidentale des vins d'Aunis et de Saintonge, ainsi que nous l'avons expliqué en commençant. Il y a même des spécialistes comme Georges Couanon qui ont déclaré que le classement de l'Armagnac en dessous du Cognac n'est pas entièrement justifié.

Question de goût sur laquelle nous ne disputerons pas, car notre jugement ne peut se placer que dans le relatif. Si j'ai bu des fines merveilleuses qui évoquaient pour moi tous les aromes de la forêt du printemps à l'automne, des sèves qui montent et des feuilles qui meurent, mêlés au parfum si distingué de la violette, j'ai connu des Armagnac qui étaient tout ce qu'il y a de suave avec leur goût de pruneau et leur saveur légère de noisette, de pommes cuites ou de violette.

Alexandre Dumas père était pour la Fine, tandis que Jérôme Coignard et notre bon maître Anatole

France manifestaient un faible très caractérisé pour le vieil Armagnac.

Comme le disait le doux Virgile : « Non nostrum inter vos tantas componere lites ».

O nectars charentais et girondins, vos chants, comme ceux de Damoetas et de Ménalcas, nous ravissent tour à tour, de sorte que nous ne pouvons, sans risquer de nous contredire quelque jour, donner la préférence à l'un ou l'autre d'entre vous. Nous vous aimons tous deux d'un gosier égal et d'un amour profond.

'ARMAGNAC se subdivise en Bas-Armagnac, Ténarèze et Haut-Armagnac.

Les premiers sont d'une grande finesse, d'un parfum suave, ils ont une sève d'un moelleux qui flatte le palais et répand dans l'estomac une chaleur douce, agréable et bienfaisante.

Les Ténarèzes n'ont pas moins de finesse de goût, mais leur arome est moins étendu et leur gamme est plus restreinte.

Le Haut-Armagnac produit des eaux-de-vie plus rudes mais qui ont encore néanmoins une saveur très agréable.

En descendant vers la Garonne et en passant dans la Gironde, la « Folle Blanche » des Charentes change de nom et s'appelle « Piquepoul » sans cesser de nous donner, par la distillation, des eaux-de-vie de premier ordre.

Le Midi produit aussi d'excellentes eaux-de-vie connues sous le nom d'eaux-de-vie de Montpellier ou Trois-Six.

Durant la première moitié du XIXe siècle, la fabrication des Trois-Six pour la consommation de bouche et pour l'industrie, fut très florissante à Montpellier, Lodève, Lunel, Pézenas, Béziers, Clermont. Au port de Cette, des flottilles de voiliers hollandais, danois, suédois, anglais, américains, hanovriens, cherchaient, pour les emporter chez eux, les eaux-de-vie du Languedoc, tandis que le Rhône, la Saône, la Loire et la Seine, par les canaux qui les relient, en amenaient à Paris pour le ravitaillement du Nord.

Les eaux-de-vie de Montpellier, franches de goût, servaient beaucoup à la fabrication des liqueurs; aujourd'hui, hélas, on les remplace par des alcools qui n'ont plus la même qualité.

'ALGÉRIE produit aussi des eaux-de-vie de vin fort appréciées. Vers le milieu du XIXe siècle, la maladie de la vigne, appelée oïdium, ayant fort raréfié le vin, on eut l'idée ingénieuse de distiller les marcs, c'est-à-dire le résidu des grappes pressées, pour en extraire de l'eau-de-vie.

Heureuse infortune ! Un mal venait de révéler un grand bien: la découverte de l'eau-de-vie de marc ajoutait à la gamme déjà si riche des spiritueux de France une note nouvelle d'un éclat encore inconnu.

Le marc a une rudesse cordiale qui donne un charme spécial à son moelleux. Sec comme un coup de trique au début, il développe aussitôt un fin goût de résine et nous rappelle l'air salubre des altitudes, puis son chant se développe en de nombreux arpèges de saveurs.

Franc et loyal, il est aussi, quelque paradoxal que cela puisse paraître, insidieux et subtil. Aussi, a-t-il joui rapidement d'une popularité qui ne doit rien à celle des eaux-de-vie des Charentes et d'Armagnac.

Il est, peut-on dire, moins liqueur et plus eau-de-vie que ses deux grandes rivales; c'est un cordial puissant.

C'EST le vin de l'année que l'on distille pour obtenir l'eau-de-vie. Quand le jus des grappes sorti du pressoir a fermenté dans les cuves, on se met à l'œuvre. Car il résulte d'une expérience séculaire que si l'on attend d'avantage, ne fût-ce qu'un an, les produits n'ont ni les mêmes qualités ni le même éclat.

La fine eau-de-vie ne se fait pas d'un seul coup. On s'y reprend à plusieurs fois comme pour l'amour. Trois chauffes successives procurent les brouillis qui, mélangés, sont soumis à l'ébullition décisive. Les produits de « tête » et de « queue » étant réservés pour être soumis de nouveau à la distillation avec d'autres vins, on recueille seulement ce que l'on appelle l'eau-de-vie de cœur titrant de soixante-dix à soixante-dix-huit degrés et on la verse, en Charente, dans des tierçons ou fûts contenant environ cinq cent soixante litres.

C'est alors qu'en général le commerce intervient. Le négociant verse dans un verre largement évasé un peu d'alcool que le vigneron apporte dans sa topette, le chauffe en ses mains, le flaire à plusieurs reprises, le goûte enfin.

Le marché conclu, on charrie les tierçons au chai de l'acheteur qui va travailler le cognac. Car le cognac de commerce se travaille selon le goût de la clientèle. On mélange les eaux-de-vie pour arriver à un ensemble de qualités qu'on recherche, pour donner du corps à l'une, de l'arome à l'autre, du terroir, de la sève, etc. On y ajoute aussi une très vieille eau-de-vie qui les parfume comme une essence et les mûrit en même temps. C'est une sorte de symphonie que l'on compose.

Les eaux-de-vie sont mises dans des tonneaux de chêne où elles se colorent lentement et prennent de l'âge.

Pour leur donner du moelleux en vue d'une vente prochaine, on en abaisse le degré en les mouillant avec de l'eau de pluie distillée; on les nuance légèrement avec du sirop de sucre, des infusions aromatiques de fleurs de thé, de fleurs de tilleul, de bois de réglisse, de capillaire du Canada, de racine d'iris de Florence, de vanille, etc. Et l'on colore avec du caramel.

Chaque négociant a son mélange de prédilection;

chaque maison a son secret et garde jalousement sa formule. Il va sans dire que les dosages, quels qu'ils soient, sont faits en évitant de masquer le bouquet naturel du spiritueux qui doit toujours rester le thème primordial du concert de saveurs.

OMME pour le vin, on a cherché à vieillir artificiellement les eaux-de-vie par la chaleur, le froid, l'aération, avec l'ozone, l'oxygène, etc., mais rien ne remplace l'action lente et sûre du temps. Ces procédés, s'ils produisent quelque effet utile, ne donnent pas ce fini recherché par les amateurs, ce fondu qui est l'effet des années. Ainsi en est-il pour le vin que l'on a soumis à d'innombrables expériences.

Après trente ou trente-cinq ans de fûts, les Fines acquièrent un velouté et un bouquet qui nous enchantent et qui leur confèrent une hégémonie incontestée sur tous les spiritueux. Leur arome, en s'affinant, s'est condensé et sublimé ; il est si puissant qu'aucun autre ne peut lui résister. Le musc lui-même, si connu par sa violence et sa brutalité, au bout de quelque temps, est vaincu par la précieuse essence de la Fine et obligé de lui céder le pas. C'est la divine image de David tuant le géant Goliath. L'esprit domine la force brutale.

Ce parfum opère lentement ; à peine le remarque-t-on quand on verse le liquide dans le verre ; ce n'est que peu à peu que le chant s'élève sous l'action d'une douce chaleur. Mais alors il embaume et le verre vidé en conserve encore amoureusement le souvenir exquis sur ses parois pourtant lisses.

Pendant quelques heures, cette précieuse odeur continue à s'essorer dans la chambre et à charmer ceux qui la respirent.

On en mettrait sur son mouchoir de poche, disent les amateurs.

Comme ils ont raison ! Aucun autre parfum, si savamment composé soit-il, ne possède la finesse de celui-là. Car tout le monde sait que la finesse d'un parfum est en raison directe de la qualité de l'alcool qui lui sert de base. La plus savante recette du meilleur des parfumeurs ne donnera qu'un résultat médiocre si elle ne s'appuie pas sur un bon alcool affiné par le temps.

Quel plaisir de se verser une goutte ou deux de Fine ou d'Armagnac dans le creux de la main, de s'en frotter vivement les paumes et puis de respirer l'esprit éveillé par la chaleur ! Il n'est pas un amateur qui, instinctivement, ne reproduise ce geste archiséculaire et ne se gonfle ensuite d'une satisfaction infinie !

LES Fines ne se font pas en bouteilles. Pour arriver à la perfection que nous exigeons d'elles il leur faut la collaboration du chêne, du cœur de chêne dont sont fabriquées les futailles. Quand, arrivées au degré d'épanouissement souhaité, elles sont mises en flacons, leur goût est à peu près définitif; il ne se modifiera plus guère qu'avec une extrême lenteur, dans le seul sens de l'affaiblissement du degré alcoolique, car il va sans dire que le temps ne reste pas sans action sur elles, même dans un vase bien clos. On a souvent débouché des bouteilles tellement vieilles que la liqueur avait presque perdu toute énergie. Malgré sa prison de verre, verrouillée d'un bouchon de liège fortement comprimé, l'esprit du vin, si lentement que cela s'opère, finit tout de même par s'évader.

Toutefois, à l'époque désordonnée où nous vivons, où l'on est pressé de gaspiller toutes les richesses et même d'épuiser toutes les réserves, ayant pris pour devise « Après nous la fin du monde », il n'y a plus grand danger que cela arrive. Les vieilles fines sont aussi rares que les pucelles de vingt ans qui, au dire de Grimod de la Reynière, détiennent le record de la rareté.

ANS les Charentes, le paysan ne vendait pas toute sa récolte au commerce de liqueurs ; il en gardait pour lui une certaine partie, si minime fût-elle, d'abord parce qu'il l'aimait réellement en gourmet, ensuite par orgueil de terrien fier du produit de sa terre et de son travail. Il conservait ses eaux-de-vie comme un trésor, de même qu'une abbaye ses joyaux, ce qui vaut mieux et est infiniment plus agréable que des assignats ou billets de banque qui, de semaine en semaine, diminuent de valeur jusqu'à n'être plus qu'un chiffon de papier sans puissance d'achat. S'il n'en donnait en dot à ses enfants, ceux-ci les trouvaient dans sa succession et le partage n'était pas une mince affaire entre les héritiers avides.

Il n'était point rare de trouver pour quelques centaines de mille francs d'eaux-de-vie chez un vigneron qui, à la belle saison, déjeunait dans sa vigne d'une frottée d'ail, content de son sort !

C'étaient des eaux-de-vie vierges, c'est-à-dire qui n'avaient pas été travaillées, qui n'avaient subi aucun mélange, aucune addition d'infusion ou de sirop.

Il y en a qui dormaient dans les tierçons de chêne depuis un demi-siècle et même d'avantage, que l'homme de la Grande, de la Petite Champagne, des Borderies ou des Bois, sirotait en manière d'action de grâce au Créateur qui a donné à la France une essence aussi précieuse.

Ces eaux-de-vie vierges sont recherchées par l'amateur et par le négociant, mais pour des raisons différentes. Celui-ci, c'est pour en couper de jeunes eaux-de-vie et les vieillir d'autant, tandis que celui-là, c'est pour la joie de posséder une liqueur précieuse d'un goût inédit que le commerce ne peut plus lui procurer. Ainsi l'amateur de peinture, fatigué de la perfection facile, érigée en dogme par les académies, préfère-t-il la spontanéité d'un tempérament qui se livre tel qu'il est et se cherche en dehors des canons de l'école. Une naïveté, voire une maladresse, lui plaisent plus que le poncif bien peigné, bien pommadé, sans un défaut, qui accroche l'attention et affecte la sympathie.

Ce qu'il y a de plus rare aujourd'hui, c'est le naturel, me disait un gourmet, rejoignant, par le goût, l'auteur de la « Chartreuse de Parme » et d' « Armance ». Entendez qu'il parlait d'une liqueur civilisée et non d'une boisson obtenue par des moyens rudimentaires. Le négociant éleveur est arrivé à une telle science, à une telle maîtrise qu'il donne au vin ou à l'eau-de-vie qu'il traite une grande richesse harmonique de saveurs, mais dont le palais du gourmet se blase vite. Le commerce cherche le plus grand commun diviseur entre tous les goûts, tandis que l'amateur raffiné s'en éloigne, préoccupé seulement de sa sensibilité personnelle. Le pipeau d'un fin Bois qui a mûri dans le tierçon d'un paysan charentais peut lui plaire plus que le Stradivarius d'une grande Fine travaillée, parce qu'il se trouve en présence d'une note encore inédite pour ses papilles gustatives; et cette note nouvelle a plus d'importance à ses yeux que la découverte d'une étoile, selon la forte parole du président Henrion de Pansey, précurseur de Brillat-Savarin.

Le fondu, le moelleux auquel il est trop habitué, céderont le pas, dans sa préférence momentanée, à un trille qui s'élancera comme le premier chant du rossignol dans un soir langoureux du mois de mai cher aux amants. Une saveur un peu sauvage, un peu rude, un peu âpre même, ne le rebutera pas, tant cette note rare et originale le comblera de joie.

Mais il devient de plus en plus difficile de trouver de ces Fines là. Le commerce, qui en a grand besoin pour ses coupages et le vieillissement des eaux-de-vie jeunes, les recherche avec des moyens de plus en plus perfectionnés, tandis que l'amateur, s'il n'est pas un vieil habitué des Charentes, est pareil au chasseur qui arrive avec un chien nouveau dans des guérets inconnus. Il ne tarde pas à constater qu'il se trouve en état d'infériorité manifeste.

Ce qui déplaît aujourd'hui aux gourmets, ce sont les sauces auxquelles sont accommodées certaines Fines.

Evidemment, nous savons que les vieilles essences finissent par vaincre toutes les sauces et que leur bouquet naturel prend toujours le dessus; il n'en est pas moins vrai qu'il y a, parmi les amateurs, une vive réaction contre la tendance de ces quarante ou cinquante dernières années à industrialiser, en les uniformisant, les grands alcools comme les grands vins.

C'est précisément la recette qui a fini par déplaire aux gourmets, qu'il s'agisse des bourgognes ou des cognacs, parce qu'elle exclut tout imprévu comme anti-commercial. L'intérêt du négoce est de ne rien perdre et de profiter de tout, tandis que celui de l'art est de choisir, entre mille, le chef-d'œuvre qui resplendira à toutes les papilles de notre bouche.

Le tort, en ce qui concerne les eaux-de-vie, a peut-être été de vouloir nous offrir la perfection quotidienne, constante, alors que nous savons pertinemment qu'elle est très rare, mais que, lorsqu'on la trouve, on est payé, par une joie équivalente, des peines, des recherches et d'une longue attente. Mais il faut reconnaître qu'il n'y avait guère pour les négociants d'autre solution dans l'état des mœurs de ces cinquante dernières années. Ne les blâmons donc pas.

Le cognac est connu partout et fort apprécié dans la Ville Eternelle, parmi le collège des cardinaux qui couronnent de roses rouges la Sainte-Eglise catholique, apostolique et romaine.

On raconte que Monseigneur Gousseau, évêque d'Angoulême, se trouvant à Rome avec des prélats venus de diverses parties du monde, brillait dans une conversation latine et faisait l'admiration de ses interlocuteurs. Un cardinal, tout à fait charmé, prit la liberté de lui demander d'où il était, pour satisfaire la curiosité générale.

— Je suis évêque d'Angoulême, répondit-il.

Les auditeurs se regardèrent d'un air interrogateur. Le prélat vit tout de suite que le nom de sa bonne ville, célèbre pourtant dans l'histoire de

France, n'éveillait dans leur esprit aucun souvenir, même lointain.

— Evêque de la Charente, essaya-t-il de préciser.

Mais Charente, pas plus qu'Angoulême, ne toucha le clavier de leur mémoire.

Soudain, sous l'empire d'une heureuse inspiration, de même qu'Archimède lançant son fameux « Eureka », il s'écria, persuasif:

— Je suis l'évêque de Cognac !

Alors tous les visages contractés par la recherche d'Angoulême et de la Charente, de se détendre, les fronts de se dérider, les lèvres de sourire. Evêques et cardinaux se mirent à le caresser en répétant: Cognac, Cognac ! Ah, le bon diocèse !

Et de tout le temps qu'il resta dans la ville de saint Pierre, on ne le quitta plus, comme s'il avait eu chacune de ses poches garnie d'une bonne topette de fine Champagne.

'EAU-DE-VIE d'Armagnac, à l'encontre de celle des Charentes, n'est distillée qu'à cinquante-deux degrés. On la met, elle aussi, dans des fûts de chêne et comme sa teneur en alcool est moindre, elle vieillit plus rapidement. L'Armagnac, arrivé à maturité, ne titre pas plus de quarante à quarante-deux degrés. Aussi, pour livrer son parfum, a-t-il besoin d'un peu plus de température que la Fine. C'est pourquoi les amateurs aiment à en chauffer un petit verre au creux de la main et à respirer à plusieurs reprises le fin bouquet de la liqueur avant que d'y tremper leurs lèvres avides.

OUS avons dit que la Fine au naturel n'existe guère; il est fort rare qu'on en trouve qui n'ait pas été l'objet de quelque mélange. C'est que, pour arriver à l'accord parfait sur nos papilles gustatives, le mélange est, pour ainsi dire, indispensable, à de rares exceptions près. A part quelques vignerons, il n'y a que les négociants qui possèdent de ces notes pures, véritables nombres premiers; ils les amalgament pour réunir leurs qualités diverses de manière à créer une harmonie complète. Sans cela, les papilles de notre palais ne percevraient jamais qu'une seule note à la fois, ce qui paraîtrait peut-être monotone à beaucoup de gourmets.

Il se trouve encore, de loin en loin, nous l'avons dit, un vigneron d'autrefois qui a gardé quelques fûts de l'eau-de-vie par lui récoltée et distillée, pour en boire au mariage de ses enfants ou en toute autre circonstance mémorable de la vie familiale. Mais il est extrêmement rare, et pour cause, que nous la puissions siroter.

'UNE façon générale, on peut dire que ce n'est pas en France que se consomment les meilleures eaux-de-vie charentaises. Qui ne sait que la Fine, dite de Paris, est devenue une véritable liqueur ?

On y a créé un type quasi uniforme qui reste perpétuellement semblable à lui-même en dépit des variations et du caprice des années. Aux différentes eaux-de-vie qui lui servent de base, on ajoute une sauce dont nous avons indiqué les éléments principaux et qui ne varie, d'un négociant à l'autre, que par de légères nuances. La supériorité de l'un sur l'autre n'est jamais qu'en fonction de la vieillesse des eaux-de-vie employées.

Les gros clients des lointains continents ne se contentent pas de venir à Paris pour choisir les types de Fines qu'ils recherchent et pour conclure les marchés, ils ont soin de se rendre dans les Charentes et c'est souvent dans les caves même de Cognac, après avoir dégusté les liquides aux cannelles des tonneaux et opéré de savants alliages entre les différents nectars de façon à arriver au concert souhaité, qu'ils arrêtent définitivement leurs commandes. C'est pourquoi les Français qui voyagent s'émerveillent de trouver, aux Indes par exemple, des Fines qui dépassent de plusieurs coudées tout ce qu'ils connaissaient en ce genre. Il y en a même qui prétendent que c'est là-bas qu'ils ont appris à connaître le véritable cognac, car ce qu'ils avaient bu en France ne leur en avait donné qu'une idée fort imparfaite.

Il arrive que l'amateur étranger soit plus jaloux que le Français lui-même des pures saveurs du sol gaulois ; il en sent mieux toute la rareté. On attache, en effet, moins d'importance à ce qu'on a près de soi, à portée de la main, tandis que l'on apprécie davantage ce qui vient de loin, tout paré du prestige de la distance. C'est pourquoi les hommes qui savent vraiment jouir des biens donnés par la nature doivent être considérés comme des sages. Quoi qu'il en soit, le Français qui arrive dans un pays étranger tout imbu de l'idée qu'il n'est de supériorité qu'en France, est obligé de constater que si la France est à la tête de la civilisation, on n'en peut pas dire autant de tous les Français.

ES Armagnacs, avec leur fin goût de pruneau, leur saveur de noisette, de pomme cuite ou de violette, s'ils sont moins universels que les eaux-de-vie des Charentes, ne se trouvent pas moins à l'abri, pour cela, des sophistications dont nous avons parlé.

De même qu'il y a des Fines trop foncées pour être naturelles, il y a des Armagnacs trop bruns pour n'avoir pas subi l'addition péjorative d'un sirop destiné à compléter un type uniforme de liqueur.

Il en est de même du vieux Calvados, qui subit, on ne sait trop pourquoi, une manipulation analogue.

Le séjour prolongé d'un alcool dans un fût de chêne le colore jusqu'à le dorer, mais sans lui donner cette nuance de sucre brûlé, laquelle n'est obtenue que par le sirop de caramel et offre moins de charme à l'œil que l'or naturel du liquide.

Mais le snobisme s'est laissé facilement persuader que la teinte foncée est un signe de grande vieillesse, à l'inverse de certain chocolat.

Une Fine, une Armagnac, un Calvados, qui sont restés une trentaine d'années et même davantage dans le fût, sont d'un beau jaune d'or. Il n'y a pas de couleur plus séduisante pour les regards quand la liqueur luit dans un beau verre de cristal.

Ceux qui ont contribué à imposer des teintes plus foncées de sirop n'étaient pas seulement des sophisticateurs sans vergogne, mais, en ne respectant pas les nuances incomparables de l'or liquide, ils prouvaient qu'ils manquaient singulièrement de sens esthétique.

S'il y a des modes qui ne sont souvent inspirées que par le caprice d'un couturier exploiteur de la bêtise humaine, nous n'admettons pas qu'il en soit de même pour nos vieilles eaux-de-vie qui n'ont pour maîtres que le sol et le temps.

Retenons que le chêne joue un rôle dans la métamorphose d'une eau-de-vie. Il donne non seulement la couleur au cognac, mais aussi cette pointe d'arome qui nous rappelle les merveilleux parfums de la forêt. C'est pourquoi le choix du bois a une grande importance.

SI l'on fait vieillir la Fine dans des tierçons de chêne, on emploie aussi, à cet effet, le châtaignier, mais plus rarement.

Il s'agit, pour le vigneron, de savoir juger l'essence forestière qui conviendra le mieux à tel ou tel de ses produits, de sorte que le mariage donne les meilleurs effets, tant il est vrai que le bois, ainsi que nous l'avons dit, joue, non seulement au point de vue de la couleur, mais aussi pour le parfum.

L'Armagnac se met davantage dans le châtaignier, ce qui accentue sa différence avec l'eau-de-vie des Charentes.

Après les eaux-de-vie de vin, le Calvados et le Kirsch sont les plus renommées des eaux-de-vie de fruits. Assez frustes, assez rudes d'abord, elles acquièrent, en avançant en âge, une onction incomparable. Le goût de la pomme passe, en vieillissant dans le Calvados, par des nuances d'une étonnante subtilité qui parfois dérouteraient le dégustateur s'il n'était rappelé à lui-même par ce qui se peut comparer à un appel de fifre.

Il ne faut pas s'étonner de ce que la pomme soit insidieuse jusque dans les variations de son goût, vu qu'elle a été la cause du premier péché, par un matin ensoleillé, sous les frais ombrages du paradis terrestre.

Il y avait du raisin de Chypre que le « Cantique des Cantiques » compara plus tard au divin Epoux, il y avait du raisin de Sabama dont Jérémie pleura la perte, comme il avait pleuré Jaser, ensuite de laquelle la joie et l'allégresse avaient été bannies du Carmel et de la terre de Méab. Il y avait des figues fraîches pleurant au soleil leur goutte de miel; il y avait des cerises provocantes comme des lèvres, des fraises voluptueuses comme des bouts de sein, des pêches, des abricots, des prunes brunes et des prunes vermeilles, des melons, des pastèques, et tant d'autres beaux fruits tout aussi tentants sans parler des poires.

Pourquoi donc la pomme fut-elle choisie par la Tentation, la pomme de si paisible apparence ?

L'esprit capricieux qu'on en retire et que nous buvons sous le nom de Calvados, nous en suggère peut-être un semblant d'explication. Mais gardons-nous d'insister d'avantage sur ce qui dépasse le sujet que nous traitons.

La distillation de la pomme ne donne pas des résultats aussi réguliers que celle du vin; le mûrissement de l'eau-de-vie de pommes est aussi sujet à plus de caprices, de telle sorte qu'un vieux Calvados qui est à point, est infiniment plus rare qu'une vieille Fine. C'est pourquoi certains vieux Calvados atteignent des prix fabuleux.

Avant la guerre, les jours de marché, dans les débits de Normandie, on voyait des fermiers s'offrir des Calvados dont le prix allait jusqu'à vingt francs le petit verre, c'est-à-dire beaucoup plus cher qu'on ne se serait avisé de vendre une très vieille Fine dans un restaurant de marque.

Aucune ingéniosité, aucune tradition, aucune chimie ne sont encore parvenues à assurer une certaine régularité dans la qualité de la liqueur que l'on tire du jus de la pomme. Si pour le cidre on est arrivé à des résultats plus précis, il n'en est pas de même pour le Calvados où la part du hasard, tant prisée par le gourmet, reste entière; on n'a pas encore trouvé à la réduire. Mais les vieux Calvados, comme les vieilles Fines, sont recherchés par le commerce qui les utilise de la même façon, pour des coupages savants destinés à donner le ton à de jeunes eaux-de-vie.

Un cognac jeune laisse au connaisseur la faculté de prévoir ce qu'il deviendra quand l'action des ans aura opéré dans le recueillement des tierçons de chêne, tandis qu'un Calvados sorti depuis peu de l'alambic ne laisse pour ainsi dire rien deviner de son développement ultérieur au point de vue de l'onction. Il se peut que les plus belles promesses ne se réalisent pas ou restent en deçà des espoirs conçus, comme il se peut qu'une Cendrillon révèle, à la longue, des charmes insoupçonnés et, triomphante, gravisse, à pas désormais certains, les marches du trône enchanteur dont parlent les contes de fées.

Le parfum laissé par un vieux Calvados sur les parois d'un verre vidé est tel que, pendant plusieurs heures, la salle à manger en garde l'accent sublime de la pomme et un goût de paradis terrestre.

Un Calvados de 1880 a fait flotter dans mon atmosphère un accent édénique pendant les dix ou douze mois que j'ai mis à vider la bouteille.

L y a des artistes du violon ou du violoncelle dont le coup d'archet est d'une longueur qui prolonge une indicible volupté dans l'infini de nos sensations ; les grandes eaux-de-vie ont ce coup d'archet merveilleux sur les papilles de notre palais et l'étendent jusqu'aux fibres les plus mystérieuses de notre estomac soudain pénétré d'une chaleur ineffable. Si l'Ecclésiaste a dit : « Un concert de musique dans un festin où l'on boit du vin est comme une escarboucle enchâssée d'or ; un chœur de musiciens dans un festin où l'on boit du vin avec joie et modération est comme une émeraude dans un écrin d'or », on peut affirmer qu'un verre de Fine, d'Armagnac ou de Calvados, affinés par le temps, est à la fois l'écrin d'or, l'émeraude ou l'escarboucle et tout le concert à la fois. Ce sont des harpes, ce sont des orgues, ce sont des flûtes, ce sont des hautbois, ce sont des violons, ce sont des cors qui chantent dans notre intimité des symphonies qui, comme celles de Beethoven et notamment la neuvième, nous donnent la divine frénésie de l'esprit.

ALZAC, dans son « Traité des excitants modernes », a écrit :

« Le raisin a révélé le premier les lois de la fermentation, nouvelle action qui s'opère entre les éléments par l'influence atmosphérique, et d'où provient une combinaison contenant l'alcool obtenu par la distillation, et que, depuis, la chimie a trouvé dans beaucoup de produits botaniques. Le vin, le produit immédiat, est le plus ancien des excitants : à tout seigneur, tout honneur, il passera le premier. D'ailleurs son esprit est celui de tous aujourd'hui qui tue le plus de monde. On s'est effrayé du choléra. L'eau-de-vie est un bien autre fléau. »

La question de l'alcoolisme était définitivement posée.

Aussi, depuis lors, ne peut-on plus parler de vin et d'eau-de-vie, sans entendre aussitôt s'approcher le grondement du tonnerre avec la rapidité que l'on sait. Sans doute, à l'occasion de ce traité, en recevrai-je encore les éclats, bien qu'il soit loin de moi de défendre, non seulement l'abus, mais même la consommation de ces vitriols qui, sous le nom d'eaux-de-vie, empoisonnent les populations qui s'y adonnent. J'estime que jamais les pouvoirs publics ne seront trop sévères sur cet article là. Mais quand nous parlons d'art, qu'on ne détourne pas l'entretien pour nous servir aussitôt une homélie de pasteur protestant.

L'anti-alcoolisme est devenu, je ne dirai pas un apostolat pour ne pas faire injure à ce noble substantif, mais une profession, une raison sociale et, en fin de compte, un odieux snobisme. Je me méfie encore plus des vices des anti-alcooliques que les tares des alcooliques ne m'inspirent de répugnance. L'hypocrisie du propagandiste anti-alcoolique est une des plus odieuses qui soient; elle se double d'une niaiserie prétentieuse tout à fait insupportable.

Qu'on nous fasse la grâce de considérer que nous ne recommandons ici aucun abus et que nous ne nous livrons pas à l'apologie de l'ivresse. « L'ivresse, écrivait Balzac dans le traité que nous venons de citer, jette un voile sur la vie réelle, elle éteint la connaissance des peines et des chagrins, elle permet de déposer le fardeau de la pensée. L'on comprend comment de grands génies ont pu s'en servir et pourquoi le peuple s'y adonne. Au lieu d'activer le cerveau, le vin l'ébête. Loin d'exciter les réactions de l'estomac vers les forces cérébrales, le vin, après la valeur d'une bouteille absorbée, a obscurci les papilles, les conduits sont saturés, le goût ne fonctionne plus, il est impossible au buveur de distinguer la finesse des liquides servis. Les alcools sont absorbés et passent en partie dans le sang; l'ivresse est un empoisonnement momentané ».

Il ne nous plaît de voir les effets du vin qu' « avant la valeur d'une bouteille absorbée », et non après, comme l'auteur de la « Comédie humaine » qui, en l'occurrence, a confondu l'usage bienfaisant avec l'abus, toujours nuisible.

Les grands génies, comme il dit, ont-ils réellement cherché le plaisir de l'ivresse ou simplement l'excitation au travail ? L'ivresse a-t-elle été produite par une volonté délibérée, ou est-elle venue insensiblement parce que, sans le savoir, on a dépassé la mesure si difficile à déterminer ?

J'incline pour la seconde hypothèse.

Il est bien rare qu'on se livre à l'ivresse de propos délibéré. Ceux qui le font sont vraiment des malades qu'il faudrait soigner, ou de grossiers personnages dont il est superflu de s'occuper.

Ne confondons pas l'usage raisonnable avec l'ivresse qui ne lui ressemble en rien.

Il n'est question ici que du premier et non de

l'autre, qui est répugnant. Nous restons en deçà de la dose après laquelle, comme l'écrit Balzac, les papilles s'obscurcissent et l'esprit aussi.

S'il m'est arrivé, fort rarement, de dépasser la mesure, ce fut sans le vouloir car, loin de la rechercher, j'ai toujours craint l'ivresse comme un trouble pénible sinon douloureux. Je m'en méfie de plus en plus. Mais je ne me prive pour cela ni de vin, ni de liqueurs, en ayant soin d'éviter tout abus, comme il convient au sage.

L'alcool est comme l'arbre de la science; il porte le bien et le mal.

Que le bien ne laisse pas ignorer le mal. Mais que le mal, en retour, ne fasse pas méconnaître et nier tout le bien.

N'oublions pas que si l'on excepte l'art des parfums, l'alcool servit tout d'abord à la pharmacie et à la médecine.

L'alcool était un remède si efficace et si agréable qu'on y prit goût et qu'on voulut s'en servir préventivement.

La Fine fut chargée par Fagon d'assurer les digestions de Louis XIV, que l'âge commençait à rendre laborieuses. Déjà ce médecin avait recommandé à son illustre client d'abreuver ses repas de la Romanée des bons moines de Saint-Vivant, ce qui lui avait été salutaire. Le cognac plut au grand roi qui ne manquait pas d'en siroter un petit verre, matin et soir, en compagnie de Madame de Maintenon, à Versailles, à Marly ou à Fontainebleau.

Jusqu'au XVIIe siècle, l'alcool fut l'apanage de l'apothicaire. Mais alors son usage commença de s'étendre.

« La distillation, écrivait Brillat-Savarin, dont la première idée avait été apportée par les Croisés, était jusque-là demeurée un arcane, qui n'était connu que d'un petit nombre d'adeptes. Vers le commencement du règne de Louis XIV, les alambics commencèrent à devenir communs, mais ce n'est que sous Louis XV que cette boisson est devenue vraiment populaire; et ce n'est que depuis peu d'années que, de tâtonnements en tâtonnements, on est venu à obtenir l'alcool en une seule fois. »

En ce qui concerne cette dernière assertion du professeur, disons, pour ceux que les procédés de distillation intéressent, qu'il ne faut l'accueillir que sous réserve de ce que nous avons renseigné ci-avant : pour l'eau-de-vie de qualité, on s'y reprend à plusieurs fois : trois chauffes successives procurent les brouillis qui, mélangés, sont soumis à l'ébullition décisive.

« C'est au cours du grand siècle, observait encore Brillat-Savarin, que l'usage du tabac, du café, du sucre, se généralisa, de même que celui de l'eau-de-vie. »

Il n'y a pas de civilisation sans excitants. A l'origine de la nôtre, il y a le vin; à son épanouissement suprême, il y a l'esprit-de-vin. Mais, au XVIIe et au XVIIIe siècles, on ne connaissait, en France, que les eaux-de-vie de vin et de pomme; la décadence n'arrive qu'avec les mauvais alcools qui contiennent des essences nuisibles à l'organisme humain. L'alcool industriel, insinué comme alcool de bouche, produit des effets redoutables.

Mais le premier de tous les anti-alcooliques, Brillat-Savarin lui-même, a vanté l'effet salutaire de l'eau-de-vie.

« Les boissons, dit-il, s'absorbent dans l'économie animale avec une extrême facilité; leur effet est prompt et le soulagement qu'on en reçoit est en quelque sorte instantané : servez à un homme fatigué les aliments les plus substantiels, il mangera avec peine et n'en éprouvera d'abord que peu de bien. Donnez-lui un verre de vin ou un verre d'eau-de-vie, à l'instant même il se trouve mieux et vous le voyez renaître.

» Je puis appuyer cette théorie sur un fait assez remarquable que je tiens de mon neveu, le colonel Guigard, peu conteur de son naturel, mais sur la véracité duquel on peut compter. Il était à la tête d'un détachement qui revenait du siège de Jaffa, et n'était éloigné que de quelques centaines de toises du lieu où l'on devait s'arrêter et rencontrer de l'eau, quand on commença à rencontrer sur la route des corps de quelques soldats qui devaient le précéder d'un jour de marche, et qui étaient morts de chaleur.

» Parmi les victimes de ce climat brûlant se trouvait un carabinier, qui était de la connaissance de plusieurs personnes du détachement. Il devait être mort depuis plus de vingt-quatre heures, et le soleil, qui l'avait frappé toute la journée, lui avait rendu le visage noir comme un corbeau.

» Quelques camarades s'en approchèrent, soit pour le voir une dernière fois, soit pour en hériter, s'il y avait de quoi, et ils s'étonnèrent en voyant que ses membres étaient flexibles et qu'il y avait même encore un peu de chaleur autour de la région du cœur.

» — Donnez-lui une goutte de « Sacré chien » dit

le « lustig » de la troupe; je garantis que, s'il n'est pas encore bien loin dans l'autre monde, il reviendra pour y goûter.

» Effectivement, à la première cuillerée de spiritueux, le mort ouvrit les yeux : on s'écria, on lui frotta les tempes, on lui en fit avaler encore un peu, et, au bout d'un quart d'heure, il put, avec un peu d'aide, se soutenir sur un âne.

» On le conduisit ainsi jusqu'à la fontaine; on le soigna pendant la nuit, on lui fit manger quelques dattes, on le nourrit avec précaution et le lendemain, remonté sur un âne, il arriva au Caire avec les autres. »

L'auteur de la « Physiologie du goût » ajoute encore : « Tous les hommes, même ceux qu'on est convenu d'appeler sauvages, ont été tellement tourmentés par cette appétence des boissons fortes, qu'ils sont parvenus à s'en procurer, quelles qu'aient été les bornes de leurs connaissances.

» Ils ont fait aigrir le lait de leurs animaux domestiques; ils ont extrait le jus de divers fruits, de diverses racines où ils ont soupçonné des éléments de fermentation, et partout où ils ont rencontré les hommes en société, on les a trouvés munis de liqueurs fortes, dont ils faisaient usage dans leurs festins, dans leurs sacrifices, à leurs mariages, à leurs funérailles, enfin à tout ce qui avait parmi eux quelque air de fête ou de solennité.

» On a bu et chanté le vin pendant bien des siècles, avant de se douter qu'il fût possible d'en extraire la partie spiritueuse qui en fait la force; mais les Arabes nous ayant appris l'art de la distillation, qu'ils avaient inventé pour extraire le parfum des fleurs, et surtout de la rose tant célébrée dans leurs écrits, on commença à croire qu'il était impossible de découvrir dans le vin la cause de l'exaltation qui donne au goût une excitation si particulière; et de tâtonnements en tâtonnements, on découvrit l'alcool, l'esprit-de-vin, l'eau-de-vie.

» L'alcool est le monarque des liquides et porte au dernier degré l'exaltation palatiale : ces diverses préparations ont ouvert de nouvelles sources de jouissances; il donne à certains médicaments une énergie qu'ils n'auraient pas sans cet intermédiaire; il est même devenu dans nos mains une arme formidable. Car les nations du Nouveau-Monde ont été presqu'autant domptées et détruites par l'eau-de-vie que par les armes à feu.

(Ceci n'est évidemment ni à notre honneur ni à l'avantage de l'eau-de-vie. Mais on n'a jamais vu de conquérants fort scrupuleux sur les moyens de conquête.)

» La méthode qui nous a fait découvrir l'alcool a conduit encore à d'autres résultats importants; car, comme elle consiste à séparer et à mettre à nu les parties qui constituent un corps et le distinguent de tous les autres, elle a dû servir de modèle à ceux qui se sont livrés à des recherches analogues et qui nous ont fait connaître des substances tout à fait nouvelles, telles que la quinine, la morphine, la strychnine et autres semblables découvertes ou à découvrir.

» Quoiqu'il en soit, cette soif d'une espèce de liquide que la nature avait enveloppé de voiles, cette appétence extraordinaire, qui agit sur toutes les races d'hommes, sous tous les climats et sous toutes les températures, est bien digne de fixer l'attention de l'observateur philosophe.

» J'y ai songé comme un autre et je suis tenté de mettre l'appétence des liqueurs fermentées, qui n'est pas connu chez des animaux, à côté de l'inquiétude de l'avenir, qui leur est également étrangère, et de les regarder l'une et l'autre comme des attributs distinctifs du chef-d'œuvre de la dernière révolution sublunaire. »

Non, il n'y a pas de civilisation sans excitants. L'esprit-de-vin a stimulé le génie inventif de l'homme et l'a rapproché des dieux.

Mais à la suite du développement de l'industrie, du travail malsain et abrutissant de l'usine, l'ouvrier recourut, pour parer à la misère physiologique qui l'envahissait, au stimulant de l'eau-de-vie; il chercha le bonheur à la fin de sa journée dans l'alcool et les mercantis lui servirent un alcool poison. La nocivité du produit précéda celle de l'abus qui vint encore renforcer le mal.

Le dérèglement de la société a, bien plus que l'eau-de-vie elle-même, contribué à créer l'alcoolisme et à le développer.

Mais n'oublions pas que, dans le principe, l'esprit-de-vin est un des remèdes les plus certains de la pharmacopée, et que, pris avec modération par des gens qui se sont appliqués à se connaître soi-même, il n'a rien perdu de ses vertus cardinales.

Avec le vin, c'est le bras droit de la grande cuisine; c'est aussi celui de la pâtisserie et de la confiserie.

La Fine et l'Armagnac font chanter la sauce d'une bécasse, par exemple. Le rhum est la sauce classique du plum-pudding et du baba. Le marasquin parfume le sorbet, une des plus délicieuses inventions gastronomiques qui soient pour les Fêtes Galantes; la crêpe Suzette réclame le curaçao et quand le kirsch, le quetsch, le cherry-brandy ou toute autre liqueur s'enrobent d'une fine couche de chocolat, cela fait des griottes exquises.

Aujourd'hui, on distille des liqueurs avec la framboise, la mirabelle, l'abricot et comme elles ne sont encore appréciées que de certains gourmets, le mercantilisme n'a pas encore eu intérêt à les avilir. On les fait encore un peu pour soi-même, ce qui est toujours une des meilleures garanties en ce qui concerne la qualité.

L'art de composer les liqueurs s'est développé peu à peu. Avec lui, les eaux-de-vie deviennent les puissants véhicules de toutes les saveurs des plantes et des fruits, de toutes les senteurs de la forêt, de la montagne et du verger.

L'EAU-DE-VIE fut d'abord médicinale, ainsi que nous l'avons dit précédemment. Si l'on en usa au naturel, on s'en servit bientôt pour multiplier l'énergie de certains remèdes. Des plantes qui, jusque là, ne connaissaient que les douceurs de l'infusion, virent leurs vertus sublimées par une heureuse macération dans l'alcool.

D'autre part, les alchimistes s'étaient évertués à rechercher les propriétés stimulantes ou curatives des plantes en extrayant leur quintessence par la distillation.

L'une des plus populaires des liqueurs ainsi obtenues fut le Vespetro dont les formulaires du XVIIIe siècle nous donnent la recette suivante :

« Prenez une bouteille de gros verre ou de grès, qui tienne un peu plus de deux pintes de Paris, mettez deux pintes de bonne eau-de-vie, ajoutez-y les graines qui suivent, après que vous les aurez concassées grossièrement dans un mortier; savoir: deux gros de graine d'angélique, une once de graine de coriande, une bonne pincée de fenouil, autant d'anis, ajoutez-y le jus de deux citrons avec les zestes des écorces, une livre de sucre; laissez infuser le tout dans une bouteille pendant cinq ou six jours; ayez soin de remuer de temps en temps la bouteille pour faire fondre le sucre; ensuite, vous passez la liqueur pour la rendre plus claire par le coton ou le papier gris, et la mettez dans des bouteilles que vous aurez soin de bien boucher ».

Voici les propriétés que l'on attribuait au Vespetro, outre celle dont on assure que son nom est venu :

« Il est bon pour les douleurs d'estomac, indigestion et vomissement, colique, obstruction, point de côté et de mamelle, maux de reins, difficulté d'uriner, gravelle, oppression de rate et dégoût, tournoiement de cerveau, rhumatisme, courte haleine, fait mourir les vers des petits enfants en leur en faisant prendre une cuillerée pendant quatre ou cinq matinées, préserve du mauvais air en en prenant une cuillerée avant que de sortir, et s'en frotter le nez et les tempes : cette liqueur satisfait tous ceux qui en ont usé dans le besoin. Un homme d'honneur et de probité assure qu'étant incommodé d'un flux hépathique qui lui causait une affliction continuelle, l'usage de cette liqueur le lui fit passer et le guérit. »

Si le Vespetro n'était que médicinal, on avait, pour l'agrément, les ratafias qui sont les ancêtres de beaucoup de nos fines liqueurs d'aujourd'hui : le ratafia de cerises, qui devait fort ressembler à « la liqueur des belles » que Corcellet, selon une recette fournie par Louis Forest, nous a rendue, le ratafia de fleurs d'orange, le ratafia d'anis, le ratafia de genièvre, le ratafia de bigarades et de citron, le ratafia de noix.

La liqueur des Pères Chartreux, célèbre dans l'univers, fut inventée par les moines, non pour servir de pousse-café aux sybarites de la table, mais de cordial dans certains cas de maladie. Les effets thérapeutiques de la Chartreuse étaient tels que sa renommée ne tarda pas à s'étendre. Mais sa consommation comme liqueur de table n'est pas très ancienne. Les Chartreux, dispersés en 1792, ne réintégrèrent le couvent de la Grande Chartreuse qu'après la Restauration, en 1816. Leur premier soin fut de remettre en état le monastère; après quoi, ils s'occupèrent de leur pharmacie où se fabriquaient l'Elixir Végétal de la Grande Chartreuse, l'Elixir odontalgique et les pastilles pectorales aux bourgeons de sapins.

L'Elixir Végétal est incontestablement la première liqueur des Chartreux, la verte dont le degré était de 58 à 60° Gay Lussac. La liqueur jaune de

43 degrés vint après, ainsi que la blanche qui titrait environ 38.

Certes la liqueur était connue dans l'Isère et les départements voisins, mais ce ne fut qu'en 1846, que Joseph Dubonnet, de Saint-Cassin en Savoie, apporta à Paris les premières bouteilles de la Chartreuse jaune. Il tenait une fruiterie et un comptoir de vins au 49 bis de la rue Sainte-Anne. Mais, ce n'est que trente ans plus tard que la Chartreuse commença à connaître la grande vogue.

Elle était fabriquée, non pas au couvent même, mais dans une vaste officine située à la Pourvoirie, hameau dépendant de la commune de Saint-Laurent-du-Pont, sur la route qui conduit à la Grande Chartreuse. C'étaient des Frères qui s'en occupaient sous la direction du Père procureur.

Les bons Pères se fournissaient d'alcool dans le pays même et dans les contrées circonvoisines. Ils avaient la préférence chez les paysans et des accords spéciaux avec eux, résultant d'échanges fréquents de denrées et de bons procédés. C'est grâce à ce ravitaillement, opéré pour ainsi dire sur place avec une régularité ne subissant que l'aléa du rendement de l'année, que les moines purent constituer des réserves que, seul, un monastère étendant ses ramifications sur toute une contrée, était capable d'entretenir, de conserver et d'accroître. Chez eux, les eaux-de-vie avaient le temps de vieillir, car on ne calculait pas, comme aujourd'hui, les intérêts commerciaux jusqu'au dernier carat — les religieux encore moins que les autres — et les soins ne comptaient pas dans les abbayes où il fallait bien que les Pères s'occupassent de quelques travaux en dehors de leurs oraisons. Ainsi, l'alcool s'affinait lentement dans les tonnes, insoucieux des années, parce qu'il avait le temps pour lui, indéfiniment.

C'est la finesse des vieux alcools qui fit rechercher par les gourmets cette liqueur, médicinale à l'origine. On en prit après le repas sous le prétexte d'assurer la digestion, mais surtout parce qu'elle plaisait au goût et remplissait l'estomac d'une chaleur lénitive.

Sans doute, les Pères Chartreux avaient-ils quelques petits secrets de fabrication qui restaient enfermés entre les murs du cellier, mais le grand secret c'était l'alcool arrivé à une perfection de goût que l'âge seul peut donner. Nous ne nierons toutefois pas l'importance des dosages; avec des produits de qualités égales un artiste fait merveille, tandis qu'un cuisinier ordinaire ne dépasse pas une honnête médiocrité.

Il entre, dans cette liqueur suave, de la mélisse, de l'hysope, de la menthe, de l'angélique, de la muscade, de la girofle, du bourgeon de sapin et du miel.

Les Pères Chartreux étaient, par tradition, les artistes de leur liqueur ; aussi, quand, après la loi sur les congrégations, ils furent obligés de prendre le chemin de l'exil et de franchir les Pyrénées, emportèrent-ils avec eux ce savoir-faire par lequel la Chartreuse avait conquis une célébrité universelle. La liquidation essaya de continuer leur œuvre séculaire sans y parvenir.

En constatant ce qu'on avait fait de leur fameux élixir de vie, les moines purent s'écrier comme le berger Mélibée se lamentant d'être chassé loin du toit rustique de sa pauvre cabane et du petit héritage qui lui tenait lieu d'un empire :

« Barbarus has segetes ! »

Ainsi l'anti-cléricalisme, frappant aveuglément autour de lui, a privé la France d'un trésor de bouche connu dans le monde entier et si recherché des gourmets qu'une bouteille de l'authentique liqueur des Pères de la Grande Chartreuse, près de Grenoble, atteint aujourd'hui des prix fabuleux, car la Tarragone des religieux exilés n'est pas encore arrivée à la finesse de l'ancienne Chartreuse, si tant est qu'elle y puisse jamais parvenir. Depuis leur exode du Dauphiné, les conditions de la vie ont beaucoup changé, même pour des moines réfugiés dans l'Espagne monacale.

On peut affirmer sans crainte de contradiction, dit M. Ernest Verdier, que la Chartreuse est une des liqueurs de la fabrication la plus parfaite, non seulement à cause du soin apporté au choix des éléments qui la composent, mais aussi de leur distillation, et la précaution qu'ont toujours eue les Pères de ne livrer à la consommation que de la liqueur ayant au moins un an d'âge, pour permettre l'union intime de ses éléments, l'a rendue plus appréciable.

Le vieillissement développe les qualités sapides de la Chartreuse, elle s'assouplit et devient plus agréable au palais; aussi les amateurs recherchent-ils avec avidité les vieux flacons qui atteignent des prix très élevés.

Après leur expulsion, dit encore M. Ernest Verdier, les Pères reprirent la fabrication de leur liqueur à Tarragone. Leur marque, leur étiquette et la forme de la bouteille déposée ayant été confisquées et vendues en France à une société par le liquidateur, les Chartreux, afin de pouvoir introduire leur élixir en territoire français, adoptèrent une nouvelle forme de bouteille, une nouvelle étiquette et un nouvel habillage.

Pour défendre la propriété de leur ancienne marque dans les pays étrangers et lutter contre une concurrence qu'ils considéraient comme une usurpation de leurs droits, les Chartreux intentèrent des procès pour interdire aux importateurs l'entrée de la liqueur fabriquée par la nouvelle société française. Ils obtinrent gain de cause auprès des tribunaux étrangers, et la vente de la liqueur fabriquée en France depuis l'exode des moines, dans les bouteilles et avec l'étiquette anciennes, fut prohibée.

'AUTRES abbayes avaient eu aussi leur liqueur de vie, parce qu'autrefois l'abbaye, centre scientifique, était tout naturellement le médecin et le pharmacien de la contrée ; les paysans qui en dépendaient venaient y demander conseil, et un élixir constituait un grand remède à une époque où la médecine était surtout exercée par des barbiers et des rebouteux dans la campagne française.

Mais alors que la Chartreuse, malgré sa sensualité troublante, gardait quelque chose de l'austérité de l'ordre religieux qui la fabriquait et de la montagne où elle avait mûri lentement; d'autres, à part l'eau de Mélisse des Carmes, restée purement médicinale, cherchaient davantage à flatter le goût par des substances plus aromatiques et une adjonction de sucre; elles se faisaient plus insidieuses et plus féminines.

Il nous en reste deux types de grande allure : la Bénédictine de l'ancienne abbaye de Fécamp et la « Vieille Cure » de l'abbaye de Cenon. Toutes deux ont fait leurs preuves et maintenu jusqu'ici la réputation des vieilles liqueurs monacales françaises.

J. K. Huysmans, dans « A Rebours », fait boire de la première par des Esseintes, le personnage principal ou plutôt le seul personnage de ce roman bizarre qui étudie un très curieux cas de fin de race et de décadence.

La page vaut d'être reproduite dans ce traité des liqueurs :

« Il se dirigea vers l'armoire, examina l'orgue à bouche, ne l'ouvrit point et saisit sur le rayon plus haut, une bouteille de Bénédictine qu'il gardait à cause de sa forme qui lui semblait suggestive en pensées tout à la fois doucement luxurieuses et vaguement mystiques.

» Mais, pour l'instant, il demeurait indifférent, regardant d'un œil atone cette bouteille trapue, d'un vert sombre, qui, à d'autres moments, évoquait en lui les prieurés du Moyen-Age avec son antique panse monacale, sa tête et son col vêtu d'un capuchon de parchemin, son cachet de cire rouge écartelé de trois mitres d'argent sur champ d'azur et par des liens de plomb, avec son étiquette écrite en latin retentissant, sur un papier jauni et comme déteint par les temps : « Liquor Antiquorum Monachorum Benedictorum Abbatiae Fiscanensis ».

» Sous cette robe toute abbatiale, signée d'une croix et des initiales ecclésiastiques, P. O. M. ; serrée dans ses parchemins et ses ligatures, de même qu'une authentique charte, dormait une liqueur couleur de safran, d'une finesse exquise. Elle distillait un arome quintessencié d'angélique et d'hysope mêlées à des herbes marines aux iodes et aux bromes alanguis par des sucres, et elle stimulait le palais avec une ardeur spiritueuse dissimulée sous une friandise toute virginale, toute novice, flattait l'odorat par une pointe de corruption enveloppée dans une caresse tout à la fois enfantine et dévote.

» Cette hypocrisie qui résultait de l'extraordinaire désaccord établi entre le contenant et le contenu, entre le contour liturgique du flacon et son âme, toute féminine, toute moderne, l'avait jadis fait rêver; enfin il avait longuement aussi songé devant cette bouteille aux moines même qui la vendaient, aux bénédictins de l'abbaye de Fécamp qui, appartenant à cette congrégation de Saint-Maur, célèbre par ses travaux d'histoire, militaient sous la règle de saint Benoît. Invinciblement, ils lui apparaissaient, ainsi qu'au Moyen-Age, cultivant des simples, chauffant des cornues, résumant dans des alambics de souveraines panacées, d'incontestables magistères. »

La Vieille-Cure, de l'abbaye de Cenon, a, elle aussi, adopté l'aspect monacal, mais d'une façon moins accentuée, ou, pour être plus exact, moins parée. C'est un capucin à côté d'un bénédictin. Et tandis que la Bénédictine emprunte des goûts à la flore normande des bords de la Manche, la Vieille Cure quintessencie le parfum des plantes des Alpes mêlé à de vieilles eaux-de-vie de Fine Champagne et d'Armagnac.

Ces deux liqueurs ont servi de modèle à beaucoup d'autres.

La liqueur du père Kermann, de même que le Raspail, sont du type chartreuse.

Brillat-Savarin nous révèle que les meilleures liqueurs de France se faisaient à la côte, chez les Visitandines.

Les moutiers étaient les vrais magasins des plus adorables friandises; voilà pourquoi, ajoute-t-il, certains amateurs les regrettent si amèrement.

Il n'existe plus de liqueur sous ce nom, mais les recettes des bonnes sœurs ont été soigneusement recueillies par des maisons importantes qui les traitent à la perfection.

Le Grand Marnier, comme la Bénédictine et la Vieille Cure, s'enferme dans une bouteille d'un type qui lui est propre et dont l'aspect trapu et monacal nous invite au plaisir de boire.

Le Cherry Rocher a su, lui aussi, habiller pittoresquement à la mode d'autrefois sa recette aussi ancienne qu'éprouvée.

La bouteille massive du Cointreau, de forme carrée et d'une belle teinte jaune, affirme une personnalité qui s'impose à l'esprit des amateurs.

Pour son Veramint, Ricqlès, célèbre en raison de ses alcools de menthe, a trouvé une précieuse carafe d'un beau verre vert d'émeraude, coiffée d'un bouchon pointu comme le chapeau d'un astrologue.

Quant à Cusenier, il s'est adressé à Lalique, à Raoul Lachenal, à Herbs, grands artistes du verre et de la céramique pour créer des vases nouveaux. Son Curaçao, qui est exquis, s'enferme dans un flacon pansu comme un bon moine, en grès mi-parti brun et gris. C'est chez un peintre que j'ai fait pour la première fois sa connaissance; il l'avait acheté, séduit par la forme et la couleur du flacon.

La Chartreuse est restée dans les formes traditionnelles de la bouteille.

Fournier-Demars a aussi cherché des vases qui

plaisent à l'œil. Après quelques bouteilles de types connus, il a adopté, pour sa Prunelle, une sorte de carafe en grès flammé et pour son Abricot-Brandy une espèce de gourde.

L'anisette Marie Brizard a conservé un des types les plus marqués du XVIIIe siècle.

Malgré quelques essais de bouteilles, les Schiedams de Bols et de Focking gardent précieusement les sympathiques cruchons de grès dont plusieurs siècles ont consacré l'usage.

Puisque nous parlons flacons, disons aussi un mot des verres. Dans les services de table où les verres s'alignent en rang d'oignon, le verre à liqueur est le plus petit, d'une dimension à peine supérieure à celle d'un dé à coudre.

Il ne faut pas s'en étonner, certains gourmets vous diront encore aujourd'hui qu'ils aiment à pouvoir chauffer dans la main leur verre de Fine, de Marc ou d'Armagnac; ils sont pour le petit verre. Mais le gastronome répond que dans un repas bien ordonné, tout devant être servi à point, cette vieille pratique de table d'auberge et de rouliers est inutile; ce n'est plus qu'un geste machinal.

Le verre à Fine est maintenant le plus grand de tous, mais ne se place plus sur la table avec les autres : c'est un grand calice sur les parois duquel on fait tourner doucement le nectar pour qu'il dégage sa précieuse essence :

Crystal poli dessus le tour
Arrondi par la main d'amour,
Animé de sa douce haleine,

disait Remy Belleau.

La dimension de la coupe permet de respirer aisément par le nez les éthers subtils dès qu'ils commencent à se volatiliser et ainsi s'accroît en nous le plaisir de déguster une eau-de-vie de choix.

N'oublions pas que toute liqueur est d'abord un parfum. Mais comme c'est le parfum de la Fine, de l'Armagnac et du Marc qui est le plus lent à s'éveiller, celui des autres liqueurs ne réclame pas les mêmes soins et permet l'emploi de vases de moindres dimensions.

Les Hollandais dégustent leur Schiedam ou leur Curaçao dans de belles tulipes au pied filigrané d'une fine dentelle, sans chercher à les chauffer de la main, et ils contemplent la liqueur qui luit dans le cristal, pareille à une pierre précieuse, comme Rembrandt, par son volet entr'ouvert, admirait le rayon de lumière qui venait lui rendre visite.

IL y a un siècle, les monastères avaient cessé de détenir la spécialité des élixirs. L'art des liqueurs s'était étendu et, si j'ose dire, sécularisé.

C'est ainsi qu'on pouvait lire sur les cartes des grands restaurants, sous le règne de Louis XVIII et de Charles X, le choix suivant qu'on ne trouverait plus aujourd'hui, ni aussi copieux, ni aussi varié :

Marasquin
Gouttes de Malte
Mirobolanty
Cédrat
Eau-de-vie de Dantzick
Huile de Kirschwasser
Eau-de-vie d'Andaye
Fine Orange
Huile de Rose
Huile de Vanille
Absinthe
Scubac
Crème de Cachou
Elixir de Garus
Vespetro de chez Tanrade
Gingembre
Barbades
Crème de Cacao à la Vanille

Beaume humain
Bois d'Inde
Crème de Créole
Noyau rouge
Alchermes Liquido della Fonderia di
S. M. Novela di Firenza

Nous ne trouvons ni Fine Champagne, ni Armagnac, peut-être parce que ces eaux-de-vie étaient jugées alors comme n'étant pas assez rares, même lorsque les années les avaient rendues vénérables.

Aujourd'hui, une grande Fine, un vieil Armagnac, un vieux Calvados, passent avant la plupart des autres liqueurs pour le gourmet qui vient de humer un café parfumé.

L'humanité a déjà passé par bien des variétés de goûts depuis que, dans l'Olympe, les dieux immortels se délectaient de nectar, d'ambroisie, d'hydromel ou d'hypocras.

L'Anisette triompha avec Marie Brizard qui ne trouva comme rivaux dignes d'elle que Wynand Focking et Lucas Bols d'Amsterdam. Cette fine liqueur, beaucoup plus compliquée qu'on ne croit, fit la délectation de plusieurs générations de femmes charmantes.

Marie Brizard était née à Bordeaux dans la première moitié du XVIIIe siècle; elle appartenait à une famille de distillateurs qu'on appelait en ce temps-là des brûleurs. Son père était brûleur, ses frères étaient brûleurs : elle suivit la tradition.

Comment elle créa cette précieuse Anisette qui devint célèbre dans le monde entier, l'histoire vaut d'être contée :

C'était une personne très-charitable que Marie Brizard ; elle visitait souvent les hôpitaux pour porter des secours aux pauvres et soigner les malades. L'un d'eux, touché de son dévouement, voulut lui témoigner sa reconnaissance avant de mourir et lui légua tout le bien qu'il possédait : c'était une recette de liqueur qui lui était arrivée on ne sait comment ni par quelle voie.

La bonne Samaritaine l'emporta et, loin de la dédaigner, s'empressa de la mettre à exécution en souvenir de son protégé qui y attachait si grand prix. Le goût d'anis étant prépondérant dans la composition, on lui donna l'aimable nom d'Anisette. Marie fit déguster la liqueur à ses amis qui la trouvèrent délicieuse. Ce fut comme une révélation. Cette anisette possédait ces qualités digestives si recherchées alors dans les élixirs.

Tout d'abord, Marie Brizard se contenta d'en

distribuer avec libéralité aux pauvres gens qu'elle entourait de soins délicats.

Mais, peu à peu, la réputation de l'anisette prit une telle ampleur que tout le monde en voulut, tant et si bien que la maison Marie Brizard et Roger fut fondée en 1755 et ne cessa de prospérer.

A cette époque, des relations étroites unissaient Bordeaux à toutes les colonies de la mer des Antilles et notamment la Louisiane, la Martinique, la Guadeloupe et Saint-Domingue. Beaucoup de Bordelais y avaient des propriétés. La maison Marie Brizard comptait des amitiés précieuses chez les colons; Marie Brizard était, dit-on, apparentée à la célèbre veuve Amphoux de la Martinique.

C'est ainsi que, deux fois par an, une flotille de voiliers portant la célèbre anisette dont raffolaient nos grand'mères et que nous savourons encore aujourd'hui avec délices, cinglait vers la mer des Antilles merveilleuses, réjouir ceux qui avaient porté là-bas l'esprit de la France et sa douce conception de la vie heureuse.

Depuis, la vogue de l'Anisette Marie Brizard n'a pas faibli; d'autres liqueurs sont venues lui faire concurrence, mais la finesse de son goût lui a gardé la faveur des gourmets. La recette léguée par le moribond reconnaissant a fait une fortune considérable, rajeunissant le vieil apologue que l'on serine à l'enfance : un bienfait n'est jamais perdu.

Quoiqu'il en soit, des générations se sont délectées de cette fine liqueur, limpide comme un diamant, douce comme de l'huile, qui prolonge jusque dans l'intestin l'effet salutaire de l'anis au parfum si caractérisé.

A veuve Amphoux, au Fort Royal de la Martinique, enchantait le XVIIIe siècle de ses liqueurs, qui étaient exquises. Elles étaient à base de sucre de canne pur, et l'alcool de rhum qu'elles contenaient, avait été travaillé lentement, avec soin, à l'ancienne manière, sans vouloir aller trop vite comme aujourd'hui.

Cette maison triompha en France jusqu'en plein XIXe siècle où règnaient toujours ces vieilles bouteilles pansues sur les étiquettes desquelles on lisait : « Noyau rouge », « Crème de Cachou », « Absinthe », « Fine Orange », « Bois d'Inde », « Mirobolenti », « Crème de Cacao à la Vanille », « Gingembre », « Barbades », « Crème de Vanille ». « De J. F. Crozant successeur de feu Madame Chassevent, ci-devant veuve Amphoux, Au Fort Royal Martinique ».

La maison Marie Brizard reprit la forme de bouteilles de la veuve Amphoux et créa le Cacao Chouva d'après les méthodes martiniquaises.

UX liqueurs du XVIIIe siècle, nous pouvons ajouter la liqueur des Belles dont Louis Forest a retrouvé la recette et qui rassemble, en une symphonie printanière, la fraise, la cerise, la petite groseille et la framboise. Corcellet en a assuré une exécution parfaite.

S'IL y a des liqueurs qui proviennent de la distillation de fruits : pommes, cerises, abricots, framboises, prunes, mirabelles, noix, etc., il y en a qui se contentent d'emprunter leur goût et leurs vertus à des fruits et à des plantes. Celles-là n'exigent pas nécessairement à leur base l'eau-de-vie des Charentes.

Nous avons dit que la précieuse essence des cognacs et aussi des armagnacs était tellement subtile qu'elle finissait par venir à bout de toutes les saveurs qu'on y ajoutait, les dominer et les absorber.

C'est pourquoi on emploie quelquefois des eaux-de-vie de moins de caractère dont la neutralité même permet aux goûts de fruits ou de plantes de rester entiers et de produire tous leurs effets. Ainsi l'excellent alcool tiré du pur sucre de canne donnait des liqueurs parfaites.

La bonne eau-de-vie de grains, elle aussi, se recommandait aux magiciens qui se chargeaient d'enchanter notre palais.

Néanmoins, il y a des Curaçaos pour lesquels on emploie la fine, qui, se conjugant admirablement avec l'écorce d'orange séchée des pays chauds, donne des résultats magnifiques très appréciés des amateurs.

Mais les difficultés nées de la guerre et l'abondance de la demande ont rendu fort ingrate la tâche de nos meilleurs producteurs. Il faut leur faire crédit, tenir compte des embarras de toutes sortes dans lesquels ils se débattent et attendre patiemment que le monde soit rentré dans la paix qui, seule, permet aux grandes œuvres de se réaliser.

NOUS avons dit plus haut qu'une liqueur évoque un concert. Ce sont, disions-nous, des harpes, ce sont des orgues, ce sont des flûtes, ce sont des hautbois, ce sont des violons, ce sont des cors, chantant dans notre intimité des symphonies qui, comme celles de Beethoven, nous donnent la divine frénésie de l'esprit.

J.-K. Huysmans, de qui nous avons cité une page remarquable sur la Bénédictine, a décrit, dans « A Rebours », un concert de liqueurs que nous reproduisons avec les réserves qu'on lira par la suite :

« Dans l'une des cloisons, une armoire contenait une série de petites tonnes, rangées côte à côte, sur de minuscules chantiers de bois de santal, percées de robinets d'argent au bas du ventre.

» Il appelait cette réunion de barils à liqueurs son orgue à bouche.

» Une tige pouvait rejoindre tous les robinets, les asservir à un mouvement unique, de sorte qu'une fois l'appareil en place, il suffisait de toucher un bouton dissimulé dans la boiserie pour que toutes les cannelles, tournées en même temps, remplissent de liqueurs les imperceptibles gobelets placés au-dessous d'elles.

» L'orgue se trouvait alors ouvert, les tiroirs étiquetés flûte, cor, voix céleste étaient tirés, prêts à la manœuvre. Des Esseintes buvait une goutte, ici, là, se jouait des symphonies intérieures, arrivait à se procurer dans le gosier des sensations analogues à celles que la musique verse à l'oreille.

» Du reste, chaque liqueur correspondait, selon lui, comme goût, au son d'un instrument. Le Curaçao sec, par exemple, à la clarinette dont le chant est aigrelet et velouté; le Kummel au hautbois dont le timbre sonore nasille; la Menthe et l'Anisette à la flûte tout à la fois sucrée et poivrée, piaulante et douce; tandis que, pour compléter l'orchestre, le Kirsch sonne furieusement de la trompette; le Gin et le Whisky emportent le palais avec leurs stridents éclats de pistons et de trombones; l'eau-de-vie de marc fulmine avec les assourdissants vacarmes des tubas, pendant que roulent les coups de tonnerre de la cymbale et de la caisse, frappés à tour de bras, dans la peau de la bouche, par les Rakis de Chio et les mastics.

» Il pensait aussi que l'assimilation pouvait s'étendre, que des quatuors d'instruments à cordes pouvaient fonctionner sous la voûte palatine, avec le violon représentant la vieille eau-de-vie fumeuse et fine, aiguë et frêle ; avec l'alto simulé par le Rhum, plus robuste, plus ronflant, plus sourd; avec le Vespetro déchirant et prolongé, mélancolique et caressant comme un violoncelle; avec la contrebasse, corsée, solide et noire comme un pur et vieux Bitter. On pouvait même, si l'on voulait un quintette, adjoindre un cinquième instrument, la harpe, qu'imitait par une vraisemblable analogie, la saveur vibrante, la note argentée, détachée et grêle du Cumin sec.

» La similitude se prolongeait encore, des relations de tons existaient dans la musique des liqueurs : ainsi, pour ne citer qu'une note, la Bénédictine figure, pour ainsi dire, le ton mineur de ce ton majeur des alcools que les partitions commerciales désignent sous le signe de Chartreuse verte.

» Ces principes une fois admis, il était parvenu, grâce à d'érudites expériences, à se jouer sur la langue de silencieuses mélodies, de muettes marches funèbres à grand spectacle, à entendre, dans la bouche, des solis de Menthe, des duos de Vespetro et de Rhum.

» Il arrivait même à transférer dans sa mâchoire de véritables morceaux de musique, suivant le compositeur pas à pas, rendant sa pensée, ses effets, ses nuances, par des unions ou des contrastes voisins de liqueurs, par d'approximatifs et savants mélanges.

» D'autres fois, il composait lui-même des mélodies, exécutait des pastorales avec le bénin Cassis qui lui faisait roulader dans la gorge des chants emperlés de rossignol ; avec le tendre Cacao-Chouva qui fredonnait de spiritueuses bergerades, telles que les « Romances d'Estelle » et les « Ah! vous dirai-je, maman » du temps jadis... »

Cette invention de J.-K. Huysmans est assurément fort ingénieuse. C'est du Proust avant la lettre. Mais, quelle que soit notre sympathie pour l'auteur d' « A Rebours », il nous faut bien dire qu'elle ne correspond à aucune réalité gustative.

De même qu'il exécute des concerts avec des liqueurs, des Esseintes évoque des paysages au moyen de parfums.

Ces assimilations systématiques ont l'inconvénient grave, pour un artiste, de pouvoir se répéter mécaniquement à l'infini. Le système est trop facile.

S'il y a des similitudes, il n'y a pas d'assimilations complètes, au sens propre du mot, entre les sensations de la vue, de l'ouïe, du goût et de l'odorat.

Certes :

Les parfums, les couleurs et les sons se répondent,

comme l'a dit Baudelaire en un vers qui a créé des esthétiques nouvelles et élargi des horizons. Mais s'ils se répondent, ils ne se confondent pas pour cela. Chacun garde en propre sa nature première.

Se jouer un concert avec des liqueurs, se peindre un tableau à l'aide de parfums, ce sont là des conceptions assez séduisantes, mais qui ne résistent pas à la critique: il faut reconnaître qu'elles sont trop simplistes, la réalité étant infiniment plus compliquée et plus subtile.

Que l'iris, la bergamote ou la frangipane nous rappellent les robes à paniers et les falbalas, qu'elles évoquent le menuet, la gavotte et la pavane, mais qu'à la suite de J.-K. Huysmans on nous parle de jouer des morceaux de myrrhe, d'oliban, senteurs mystiques, puissantes et austères, analogues aux oraisons funèbres de Bossuet, aux nobles aspirations de Bach, qu'on nous convie à respirer des romances au seringua, dignes de Massenet, alliciantes et somnifères, des suites exotiques de Spikanard, d'Ayapana, de Champaka, de Sarcanthus, d'Hédiosama, dont Saint-Saens eut été jaloux, des valses de Faust à la fleur d'oranger avec un rien de vanille, des sonorités tumultueuses de musc tonkin et de patchouli fulminant à faire oublier les tempêtes cuivrées de la Valkyrie, c'est un peu forcé.

Quand j'entends la sonate du Clair de Lune ou la IXe symphonie, le merveilleux début du IIIe acte de Tristan et Yseult ou le récit de la jeunesse de Siegfried, lorsque le héros va recevoir le coup mortel, je ne pense pas que je bois un verre de Fine, de vieil Armagnac, de Calvados ou de telle ou telle liqueur qui faisait partie de l'orgue à bouche de des Esseintes, le curieux personnage d' « A Rebours » ; de même que la Symphonie Pastorale n'évoque en moi aucune correspondance avec une goutte de Cassis, fut-il de Dijon, ou de Cherry-Brandy, ou de Chinaz-Chinaz, liqueur distillée de la noix, dont le Dauphiné fait ses délices.

Il me semble aussi que les parfums évoquent de la volupté plus que des sons, des couleurs et des paysages. C'est sans doute pour cela, sans aucun doute, que les sons et les parfums se répondent, comme l'a dit Baudelaire dont souvent on a forcé la pensée ou la fantaisie. Une femme se révèle par son parfum. Un parfum nous rappellera, après des années, une femme que nous avons aimée et nous remplira l'âme de nostalgie.

Mais ne nous écartons pas davantage de notre sujet.

On ne fait pas un concert de liqueurs à la des Esseintes, pour la raison que chaque liqueur est elle-même tout un orchestre ou pour le moins un quatuor sinon un quintette. Dans le cas du héros d' « A Rebours », c'est à peu près comme si un original se faisait jouer en même temps cinq ou six morceaux de musique. Voyez-vous plusieurs phonographes, si perfectionnés soient-ils, jouant en même temps des airs différents !

Quelle cacophonie !

Une liqueur est un poème, une mélodie, une sonate, une symphonie, un tout complet. Ce peut n'être qu'une douce cantilène, mais c'est une raison pour ne pas nous la faire entendre en même temps qu'une fanfare.

Les « Paradis artificiels » ont inspiré J.-K. Huysmans, qui poussait jusqu'au paroxysme l'expression de ses sensations, de ses idées, de ses sympathies et de ses antipathies.

Déjà Baudelaire avait été impressionné par

Hoffman, et dans son prestigieux chapitre sur le vin, avait cité ce passage du « Kresleriana » :

« Le musicien consciencieux doit se servir de champagne pour composer un opéra-comique. Il y trouvera la gaîté moqueuse et légère que réclame le genre. La musique religieuse demande du vin du Rhin ou de Jurançon. Comme au fond des idées profondes, il y a là une amertume enivrante; mais la musique héroïque ne peut se passer de vin de Bourgogne. Il a la fougue sérieuse et l'entraînement du patriotisme. »

Cette citation est amplifiée et embellie par le poète des « Fleurs du Mal », il n'importe. C'est de là qu'est née la fantaisie du concert de liqueurs.

Mais alors que l'idée exprimée par Hoffman n'effleure que très légèrement le paradoxe, ce que J.-K. Huysmans en a tiré, d'après Baudelaire, y entre en plein, s'interdisant tout autre issue. Hoffman a ouvert des horizons nouveaux qui ont enchanté Baudelaire; J.-K. Huysmans les referme sur lui-même. Ce grand artiste a été victime de l'outrance naturaliste qui considérait volontiers le pamphlet apocalyptique et romantique comme le suprême de l'art. Il est curieux de constater aujourd'hui combien les naturalistes se sont souvent éloignés de la nature, par l'exagération même d'un procédé.

Dans son livre intitulé « Notre Baudelaire », M. Stanislas Fumet dit que l'art moderne est un peu une aspiration à tous les impossibles et Baudelaire est de ceux qui l'ont engagé le plus profondément dans cette voie. C'est ce qu'on peut dire avec encore plus de raison de J.-K. Huysmans. Son concert de liqueurs, tel qu'il nous le présente, est un non-sens, si pas une impossibilité, car il nous propose à peu près la même chose que de jouer simultanément une fugue de Bach, une nocturne de Chopin, une symphonie de Beethoven, un prélude de Wagner. Le mélange de ces chefs-d'œuvre ne serait pas long à n'évoquer plus que de la musique américaine ou nègre.

Non, une liqueur ne correspond pas à un instrument de musique, non le Curaçao ne se compare pas à la clarinette, le Kummel au hautbois, la menthe et l'anisette à la flûte, car une liqueur n'est pas, comme le peuvent penser les non-initiés, un simple composé d'alcool, d'eau distillée, de sucre et d'un parfum quelconque.

Un distillateur opère comme un cuisinier qui,

pour composer une sauce savoureuse, dose savamment et artistement les épices.

C'est la multiplicité des saveurs autour d'une saveur principale qui fait l'art de la cuisine. De même l'art du liquoriste est-il une orchestration non moins compliquée. Le dosage a une importance qui s'égale à celle des lois de l'harmonie.

Pour en donner une idée, je reproduis ici la recette d'une liqueur du XVIIIe siècle que je trouve dans le « Traité raisonné de la Distillation ou la Distillation réduite en principes par Monsieur Dejean, Distillateur, chez Guillyn, au Lys d'Or, Quai des Augustins, à côté du Pont Saint-Michel, M. DCC. I. XXVII. Avec approbation et privilège du roi. »

Recette pour six pintes d'eau d'arquebuse spiritueuse. Vous prenez :

Quatre poignées de grande consoude, feuilles, fleurs et même racines,
Quatre poignées d'armoise,
Quatre poignées de bugle,
Quatre poignées de sauge,
Deux poignées de feuilles de betpine,
Deux poignées de grandes marguerites ou œil de bœuf,
Deux poignées de sanicule,
Deux poignées de scrofulaire,

Deux poignées de pâquerette ou petite marguerite,
Deux poignées d'aigremoine,
Deux poignées de plantain,
Deux poignées de verveine,
Deux poignées de fenouil,
Deux poignées d'absinthe,
Une poignée de véronique,
Une poignée d'orpin,
Une poignée de millepertuis,
Une poignée d'aristoloche longue,
Une poignée de petite centaurée,
Une poignée de millefeuille,
Une poignée de menthe,
Une poignée de nicotiane,
Une poignée de piloselle,
Une poignée d'hysope.

Cette liqueur était, paraît-il,excellente, et appartenait au type représenté en « majeur » par la Chartreuse verte, de glorieuse mémoire. Comme on le voit d'après cette nomenclature, elle faisait chanter sur les papilles gustatives la gamme chromatique des saveurs.

Elle assemblait en une savante harmonie la flûte, le cor, le hautbois, le fifre, la clarinette, l'alto, le contralto, le piston, le bugle, le saxophone, le trombone, l'ophicléide, la basse, le violon, le violoncelle et les cymbales. C'est tout un concert et non une seule note ni un seul instrument que perçoit celui de nos sens qui a son siège sur nos lèvres et dans notre bouche.

Voilà sur quoi J.-K. Huysmans n'était probablement pas éclairé, sans quoi il ne nous aurait pas représenté certaines liqueurs comme des nombres premiers, comme des saveurs essentiellement irréductibles. La Chartreuse elle-même, type des liqueurs d'origine médicinale et pharmaceutique, est extrêmement compliquée; les plantes qu'elle nécessite ne doivent pas être en moindre quantité que dans la recette du XVIIIe siècle que nous venons de reproduire.

La théorie d' « A Rebours » est donc à négliger définitivement. Celui qui boirait un kummel après un curaçao sec, puis une menthe, une anisette, un kirsch, un gin, un whisky, une eau-de-vie de marc, sans parler des rakis de Chio et des mastics, ne fusse qu'en une infinitésimale quantité supportable, n'aurait pas l'impression d'un concert, il serait tout simplement écœuré. Car chacune de ces liqueurs est un composé savant, dosé avec précision, auquel tout voisinage trop immédiat enlève son caractère. Seules une liqueur et une eau-de-vie supportent un rapprochement.

Avant J.-K. Huysmans, des fantaisistes avaient voulu représenter les liqueurs par des couleurs pour en composer des paysages, mais cela se soutient encore moins que le concert de liqueurs de des Esseintes.

'ARRIVÉE en France des produits coloniaux donna un essor nouveau à l'art des liqueurs.

Les Antilles envoyaient à Bordeaux des épices et des parfums de toutes sortes : muscade, girofle, cannelle, vanille, etc. Les distillateurs, les brûleurs comme on les appelait alors, apprirent vite tout le parti qu'on pouvait tirer de ces denrées auxquelles le soleil des tropiques avait communiqué son ardeur ; ils en assaisonnèrent leurs alcools et cette nouveauté conquit aussitôt la faveur du public.

Bientôt les liqueurs se multiplièrent en leur variété ; leurs créateurs les baptisèrent de noms où l'imagination intervenait plus que la nature des parfums employés. C'est ainsi que parmi les plus en vogue au cours du XVIIIe siècle, nous trouvons :

LIQUEURS DE LA MARTINIQUE :

Anis
Absinthe
Baume-Humain
Bois d'Inde
Barbades
Café
Girofle
Citron
Noyau
Vanille
Gingembre
Rose

Créole
Cannelle
Fine orange
Menthe
Mirobolanty
Céléri

LIQUEURS SUPERFINES :

Marasquin de Zara et de Trieste
Liqueurs d'Italie
Crème de Rhum
Rosolio de Bologne
Eau de la Côte Saint-André
Noyau de Phalsbourg
Anisette de Bordeaux et de Périgueux
Eau d'Or de Turin
Anisette de Hollande, en cruche
Crème de Menthe
Ethérée de Bessy, à Chalon-sur-Saône
Eau de Coladon, de Genève
Crème de Citron de Madère
Crème de fleur d'orange double de Malte
Crème de Moka
Crème de fraises
Crème de genièvre
Crème de cachou
Crème de noyau
Crème de cannelle
Huile de Kirschenwasser
Huile d'anis
Huile de rose
Huile de vanille
Huile de noyau

Huile d'orange de Malte
Ratafiat de Grenoble
Curaçao de l'Amérique
Brou de noix
Scubac de Lorraine
Vespétro

LIQUEURS DEMI-FINES :

Ratafiat d'anis
Ratafiat de noyau
Ratafiat de fleur d'orange
Ratafiat des 7 graines
Ratafiat de cerises
Ratafiat des 4 fruits
Vespétro

EAUX-DE-VIE :

Eau-de-vie de Dantzick
Eau-de-vie de Cognac
Eau-de-vie d'Andaye
Eau-de-vie de genièvre de Hollande et Dunkerque
Kirschenwasser de la Forêt Noire
Rhum de la Jamaïque
Extrait d'absinthe
Rack de Batavia
Taffiat de nos Isles

NOUS connaissons aujourd'hui la même fantaisie de dénomination en ce qui concerne les parfums.

Mais il semble bien que, presque toujours, les distillateurs aient eu la préoccupation dominante de soulager les estomacs fatigués. C'est pourquoi nous trouvons, dans la composition de beaucoup de liqueurs, d'abord la graine d'anis, préconisée en thérapeutique pour ses effets calmants. L'anis employé était, non pas la badiane, plus échauffante et de parfum plus accentué, mais la délicate petite graine que l'on trouve principalement dans le Tarn.

L'écorce d'orange fut employée pour une raison analogue. La pointe d'amertume qui en rehausse la suavité est un agréable stimulant pour l'estomac. C'est ainsi que le curaçao rivalisa dans les faveurs des gourmets avec l'anisette.

Aujourd'hui, il y a des liqueurs stomachiques dans lesquelles la gentiane intervient.

U XIXe siècle, l'industrie des liqueurs prit une extension nouvelle grâce aux progrès réalisés dans la fabrication de l'alcool et dans le raffinage du sucre. On peut obtenir des produits d'une blancheur et d'une limpidité parfaites. C'est ainsi que l'anisette, le curaçao, le kummel brillent dans un verre comme un diamant de la plus belle eau.

Ce fut un progrès de pouvoir renoncer aux procédés de coloration auxquels les vieux brûleurs recouraient pour masquer la teinte d'un jaune douteux donnée par les sucres insuffisamment raffinés.

Aujourd'hui que l'on s'est habitué à cette limpidité cristalline, elle n'est plus recherchée comme une nouveauté. Le jaune d'or et le vert émeraude ont tout autant de prix, pourvu qu'aucun nuage n'en altère la parfaite transparence, car une liqueur doit être belle comme la sulamite, comme une pierre précieuse, et réjouir nos regards avant que d'enchanter les papilles attentives de notre palais.

La célèbre veuve Amphoux de la Martinique et Marie Brizard de Bordeaux furent les reines des liqueurs au XVIIIe siècle. La seconde prolonge encore sa royauté dans le XXe.

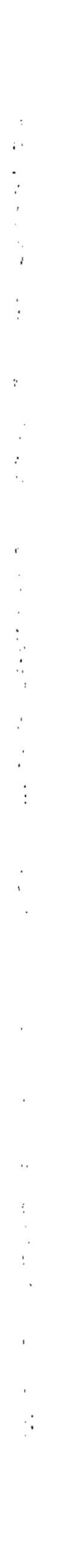

UJOURD'HUI, nous avons abandonné les dénominations arbitraires du XVIIIe siècle et de l'époque romantique, ainsi que, d'ailleurs, certaines liqueurs auxquelles elles correspondaient. Le Mirobolanty, l'huile de vanille, le baume humain, la crème de Créole, pour ne parler que de celles-là, qui triomphaient au beau temps de la veuve Amphoux, ne sont plus guère que des souvenirs ; le marasquin, petit-maître charmant, s'est confiné dans la pâtisserie ; il excelle dans le sorbet, cette invention raffinée qui semble sortie de quelque fête galante de Watteau pour remplacer ce coup du milieu ou ce trou normand un peu trop rudes pour les estomacs de citadins déshabitués du grand air et des exercices physiques.

Alors qu'il y a un siècle, nous ne voyions figurer sur les cartes des grands restaurants que ces liqueurs qui évoquent à notre esprit quelque vague réminiscence de Paul et Virginie, à l'exclusion, presque, de la fine, de l'armagnac et du calvados, aujourd'hui ce sont les vieilles eaux-de-vie que l'on recherche pour le couronnement d'un repas délicat. Une grande fine, un armagnac précieux, un vieux calvados presque aussi rare que tel timbre de l'île Maurice, continuent l'enchantement des plats cuisinés avec art et bien ordonnés, d'un café suave, et préparent l'avènement du cigare pour lequel nous peuplerons d'ombres heureuses nos paradis artificiels. C'est le style classique.

On cherche davantage la vieillesse de l'eau-de-vie qui jouera sur nos papilles titillantes une incomparable symphonie, plutôt que le concert d'une liqueur que le liquoriste soucieux de maintenir la réputation de sa spécialité tiendra à rendre constamment égale à elle-même. C'est la rareté qui enchante le gourmet en l'occurrence, et le goût pour ainsi dire inédit qui en résulte.

C'est pourquoi à une fine moyenne et commerciale, il préférera un vieux marc ou un vieux kirsch, ou tout autre alcool que l'âge aura rendu infiniment précieux.

Cela n'empêchera pas certains amateurs de se livrer aux délices de la Chartreuse dont les bons Pères ont emporté le secret des montagnes du Dauphiné à Tarragone, en Espagne, de la Bénédictine, de la Vieille Cure, du Raspail, du Grand Marnier, du Cointreau, du Curaçao Cusenier, du Cordial Médoc, de l'Anisette, de la Sève Fournier.

Les dames préfèrent généralement un élixir plus parfumé, plus sucré, plus coulant, à la rigidité d'une eau-de-vie, même tempérée par les ans, mais il y a des hommes qui apprécient tout autant qu'elles un curaçao, une anisette, un kummel ou l'une ou l'autre liqueur dont la recette a été longuement élaborée, développée et corrigée jadis, à l'ombre des cloîtres, dans les celliers monacaux où mûrissaient, avec la lenteur de la perfection, les eaux-de-vie du pays, distillées suivant la tradition.

E kirsch s'obtient par la distillation de la cerise et du noyau non cassé, car le noyau cassé donne un goût trop amer à la liqueur. Il en est de même pour le quetsch et la prunelle; on se contente d'écraser la pulpe du fruit avant de la passer à l'alambic.

Pour les curaçaos, on emploie de préférence les écorces d'oranges séchées venues des pays chauds, surtout de Philippeville, dont la saveur est beaucoup plus prononcée que chez celles de notre Midi ou d'Espagne. On fait macérer ces écorces dans une bonne eau-de-vie, puis, après une légère addition de sucre, on redistille le tout pour arriver à une essence plus limpide, plus amalgamée, plus fine et plus subtile.

OUS avons dit qu'une liqueur est, à elle seule, tout une œuvre orchestrale et non un simple instrument.

Le rhum qui, se mariant à la saveur amère du citron et à un peu de sucre, forme le grog qui, l'hiver, nous prémunit contre le froid et combat la toux catarrhale, le rhum qui transforme un simple baba en un pur délice, le rhum, ce puissant cordial, est un étrange composé. Il est tout d'abord le produit de la distillation de la mélasse, résidu du sucre de canne. A ce moment précis de son existence, il est couleur d'eau, c'est-à-dire incolore, et sa saveur ne se différencie guère de celle de l'eau-de-vie. La teinte brunâtre et la saveur si caractéristique qu'on lui connaît, sont artificielles. Le rhum, lui aussi, a sa recette : on y fait infuser des clous de girofle, du goudron et surtout des râpures de cuir tanné à l'ancien système, c'est-à-dire à l'écorce de chêne. C'est ce goût de cuir qui est le thème principal de la rhapsodie grâce à laquelle nous luttons contre le froid et les intempéries de l'hiver. La couleur, plus foncée que celle de la fine, s'obtient par le cuir et surtout par le caramel.

La Martinique, la Jamaïque et la Guadeloupe envoient des rhums à la France.

Mais on nous sert plus de tafia que de rhum, sous le nom estimé de rhum.

Si le rhum se fait avec le sucre de canne, le tafia, lui, provient des débris de la canne à sucre livrés à la distillation.

En somme, il y a une différence presque aussi grande entre le rhum et le tafia qu'entre l'eau-de-vie de vin et l'eau-de-vie de marc.

Le tafia est inférieur au rhum, il a moins de finesse, son arome est moins prononcé et sa saveur plus piquante.

C'est néanmoins un très bon produit et si le rhum que l'on trouve dans certains commerces était du tafia, on ne s'en plaindrait pas; mais aujourd'hui on habille en rhum de l'alcool de betterave qui est non seulement dépourvu de finesse, mais qui, défaut encore plus grave, est nuisible à la santé.

Mais le rhum véritable, le rhum authentique est exquis avec son thème harmonique et développé magistralement par le fin alcool de la canne.

UTREFOIS, le rhum véritable, produit de la distillation du sucre de canne, était mis dans des outres en peau de bœuf qui lui donnaient ce goût de cuir si caractéristique.

On délaissa ce procédé rudimentaire quand l'usage des tonneaux se fut implanté dans les pays producteurs de canne à sucre et de rhum.

Mais les amateurs de cette eau-de-vie ne la reconnurent plus quand on eut cessé de la conserver et de la transporter dans des outres.

C'est alors que, pour ne pas les troubler dans leurs habitudes gustatives, les négociants firent macérer du vieux cuir dans les fûts et ajoutèrent quelques ingrédients supplémentaires pour parfaire la ressemblance : goudron, clous de girofle, etc.

Mais combien le rhum véritable, le rhum de la Jamaïque ou de la Martinique, est supérieur à celui qui est ainsi saucé !

Il m'a été donné d'en boire, grâce à l'amabilité de M. Chauveau, dont l'authenticité était incontestable.

Quelle merveille ! quel parfum ! quelle chaleur ! quelle plénitude de goût !

Si je n'avais pas été renseigné sur ce que je dégustais, j'aurais pu croire que je me trouvais en présence d'une fine d'un caractère assez différent de celle que je connais, mais d'une fine tout de même.

Et je déplorai qu'une telle essence ait été dénaturée, grâce à l'incompréhension des amateurs, à la faiblesse et à l'esprit de lucre des producteurs.

E kummel, qui a le cumin comme thème initial et comme leit-motiv, est arrivé à une perfection de goût admirable.

L'Eckaüer double zéro, dont la bouteille semble avoir emprunté à un glacier quelques parcelles de glace éternelle, vous laisse sur les papilles de la bouche une saveur d'une richesse mystérieuse comme celles que le Nord recèle en ses flancs redoutables.

C'est une douceur insidieuse et poivrée, c'est comme une caresse sous laquelle une griffe s'est à peine repliée; on n'en sent pas la pointe, mais on la devine au froid de son poli d'émail.

L y a aussi de fines eaux-de-vie de grains qu'il ne faut pas confondre avec les alcools infâmes qui empoisonnent les populations industrielles.

La Hollande nous donne des Schiedams délectables. Le Wynand Focking et le Lucas Bols, dans leurs cruchons de grès, sont d'un goût d'une finesse extraordinaire.

Dans l'une ou l'autre de ces vieilles tavernes enfumées d'Amsterdam, le long d'un canal tranquille ou dans une rue semblable à celle où passait « la Ronde de Nuit » à la lumière échevelée des torches, qui n'a vu luire, au creux d'un verre en forme de tulipe, cette précieuse liqueur que de placides bourgeois, armés d'une longue pipe de terre au tuyau arqué, sirotent lentement, à petits coups, en méditant sur la saveur rare qui parfume la bouche d'un léger goût de grain et de fumée mélangés.

Le Focking ou le Bols, c'est comme la « Fiancée juive » ou quelque vieillard de Rembrandt, c'est l'étincelant rayon de lumière qui pénètre dans une salle basse où n'arrive d'ordinaire qu'un peu de jour brumeux et avare.

C'est l'éclat de la palette du grand maître des

« Syndcis », de Fabricius son disciple, de l'éblouissant Vermeer de Delft, c'est la verve de Frans Hals, c'est l'intimisme de Brekelenkam, c'est l'inspiration de tant d'autres artistes qui chantèrent, dans ce pays de marchands, la joie de la lumière et la joie de vivre.

Ce ne sont pas les peintres du Midi qui ont écrit le vrai poème de la lumière, c'est celui qui, vivant dans une cave, a vu filtrer un rai lumineux par la fente d'un volet entr'ouvert, semblable à un or fluide, immatériel et comme vaporisé.

Le schiedam de cette Hollande dont les canaux, l'hiver, sont sillonnés de patineurs ainsi qu'on le voit dans de vieux tableaux si pittoresques, est précieux à l'égal des œuvres d'art de cet ancien pays de travailleurs gagné aujourd'hui par l'immonde paresse du gulden à change élevé.

Les autres liqueurs sont tributaires de la France par les alcools de vin qu'elles nécessitent; elles ne valent que par la qualité de ceux-ci.

Nous avons expliqué que la finesse d'une liqueur est en raison directe et immédiate de la pureté et de la vieillesse de l'eau-de-vie qui lui sert de base.

Mais le schiedam de Bols, c'est tout le pays néerlandais, tel qu'il apparaît à travers les tableaux des maîtres qui ont tressé à leur pays une couronne immortelle. Erven Lucas Bols (héritiers de Lucas Bols) est une signature aussi précieuse, dans un ordre un peu différent, que celle de Rembrandt Van Ryn, l'une des plus précieuses que connaisse le monde des formes et des couleurs.

On en dit autant et même davantage de Wynand Focking.

OUS deux, dans le monde des goûts et des parfums, s'égalent aux Pieter De Hoogh, aux Koedyk, aux Brekelenkam, à tous ces artistes délicieux qui célébrèrent la vie intime de leur pays et firent chanter l'âme sereine des choses dans un climat maussade. Une liqueur est une œuvre d'art.

La Hollande possède encore l'Advokaat : jaune d'œufs et sucre mélangés avec du schiedam, et le Bonnekamp, liqueur médiocre qui a comme un vague goût de chloroforme.

Avant la guerre, les eaux-de-vie de grains de la Russie étaient fort réputées pour leur qualité. Le vodka était dépourvu de goût caractérisé. Ce n'était qu'une douce chaleur qu'on absorbait, le palais n'en conservait aucun parfum, c'était vraiment l'eau-de-vie dans toute sa simplicité.

On prenait un verre de vodka avec les hors-d'œuvre pour stimuler l'appétit en échauffant l'estomac, en le tonifiant à souhait, après quoi il se montrait d'une extrême complaisance.

Les Russes exilés en France, ayant la nostalgie de leur vodka, le prince Tzitzianoff qui faisait partie de la Cour impériale et M. Melikof, se sont mis à en fabriquer pour les compatriotes.

Mais comme la législation française ne permet de tirer des alcools de bouche que des fruits c'est avec de l'eau-de-vie de vin qu'ils arrivent, par des rectifications et des dénaturations successives, à cette absence de goût et de parfum qui caractérise le vodka.

Il m'a été donné d'en déguster, dans les caves princières à la Halle aux vins qui est vraiment le gosier de Paris si les Halles en sont le ventre, selon l'expression d'Emile Zola.

C'est d'une très curieuse impression pour nous, qui sommes habitués aux liqueurs savoureuses et aux eaux-de-vie parfumées.

ARMI les eaux-de-vie de grains, il faut encore citer le gin, cher aux Anglais, et surtout leur whisky à l'étrange goût de fumée, d'orge et de vernis, qui, mêlé au soda-water, a fait la conquête des snobs et des fêtards.

Les whisky Walcker, Black en White, Dewar, sont célèbres, de même que le Gordon-Gin.

Ceux qui ont composé le kummel de Riga double zéro, le schiedam, le gin et le whisky, sont évidemment de grands artistes du goût qui méritent de passer à la postérité tout autant que des peintres, des musiciens et des littérateurs.

Leurs noms nous restent inconnus comme celui du maître-queux qui fit mijoter le plat de lentilles pour lequel Esaü vendit son droit d'aînesse à Jacob; et cependant leur mérite est grand d'avoir su tirer d'alcools secondaires des accents d'une rare suavité.

Mais leurs œuvres, si intéressantes qu'elles soient, n'ont ni l'étendue, ni la portée des grandes fines et des grands armagnacs.

Ainsi la vigne, jusque dans l'esprit-de-vin, chante la louange immortelle du glorieux Roi Dyonisos.

FIN

Ce livre a été établi avec le concours de l'Imprimerie VAILLANT-CARMANNE à Liége et V. STUYVAERT, Graveur sur bois à Gand, pour le compte de J. MAWET, libraire-éditeur au Pont d'Ile à Liége. Il a été achevé d'imprimer le 15 Décembre 1927. Le tirage comprend 50 exemplaires sur papier Japon numérotés de 1 à 50. — 500 exemplaires sur papier soufflé anglais numérotés de 51 à 550 et de quelques exemplaires hors commerce tous signés de l'éditeur.

IMPRIMERIE VAILLANT-CARMANNE
LIÉGE

www.ingramcontent.com/pod-product-compliance
Ingram Content Group UK Ltd.
Pitfield, Milton Keynes, MK11 3LW, UK
UKHW020225220726
13923UKWH00002B/530